在家玩蒙特梭利

掌握0～6歲 九大敏感期

48個感覺統合遊戲，全方位激發孩子潛能

李利 編著

野人

一推薦序一

科學的育兒方法，給孩子生命的滋養

陳秀芬（美國蒙特梭利協會3-6歲教師執照、蒙特梭利居家教育網站負責人）

當我在上海接到野人出版社的邀約，為《在家玩蒙特梭利》一書推薦的時候，我很高興，因為台灣的讀者有福了，這麼好的內容加上台灣優秀的編輯與出版作業，一定會將這本書優美的展現出來，讓讀者更加容易吸收學習。

我本身並不認識李利老師，細讀她所編寫的書籍，發現她的思路清晰，舉例生活化，而且在教養兒女方面有很實際的做法，單單讀這一本書，就會觸動年輕的父母在家實施蒙特梭利教育的想法。

我雖然身為「蒙特梭利居家教育」網站的負責人，推動在家教育十餘年，但是對於敏感期的研究並沒有李老師透澈，書中有關九大敏感期，介紹詳細，而且把它的重要性都說得清楚明白，一般讀者都能輕易讀懂，非常有說服力。

書中提到語言的敏感期時，有一段詛咒語言敏感期，引起了我的注意。當寶寶發現語言是有威力的，可以像一把劍或一把刀刺傷別人，他會一邊和家長玩著「隨時激怒你」的遊戲，一邊測試語言的威力指數，看到自己說出口的語言使得家長反應強烈、暴跳如雷、神情激動……對於寶寶來說，是一件多麼有趣的事情。那要怎麼處理呢？書上說：「糾正寶寶的行為、制止寶寶的言詞、對寶寶發怒、對寶寶哀求……都不是科學的方法，面對寶寶這個特殊的語言敏感期，家長只需記住一個原則：冷處理，不做出任何反應。」

我記得十餘年前，參加先生同學會的時候，遇見兩個小女孩正逢詛咒語言敏感期，張嘴就是難聽的話，我誤以為是父母教育不當，還告訴先生不要讓自己的兒女跟她們太親近，免得學壞了。這時想起來，應該是要建議兩個小女孩的父母，冷處理這個有威力的炸彈，炸彈應該很快就熄滅了。

所以說，在教養兒女方面，應該對他們的生理、心理都要有正確的瞭解，以免錯誤處理，反而造成不少的親子風波。在這方面，蒙特梭利教育理論最能夠深入兒童的心靈，幫助父母與子女和平相處。

特別是在秩序敏感期的應用上，2、3歲的孩子堅持洗澡的順序，固執地把東西放在固定的位置，生活中，如果成人隨意打破寶寶的秩序會讓寶寶感到痛苦與煩躁等等。這些現象，都是秩序敏感期的孩子的特色，如果我們能夠尊重他們的成長步調，理解他們，給他們充分的愛與自由，就能夠給予孩子生命的滋養能力。

造物主在賜予孩子生命時，就已經在他們身上設定了許多本能，這些本能什麼時候啟動？什麼時候關閉？恰恰就是蒙特梭利所說的敏感期之顯現與消失。充分運用敏感期，

能夠使得孩子的學習變得輕鬆容易，反之，敏感期結束之後，學習將會變得艱難，有些甚至無可逆轉，例如書中「小狼女」的現象。所以說，現代的父母們，應該要用科學的教育方法，深入理解兒童的奧祕，為孩子們建立更適合的成長環境。加油吧！

—推薦序—

搭著「敏感期」的順風車，孩子的學習快速又快意

彭菊仙（親子教養書作者）

在我剛擁有第一個孩子時，情緒常常在興奮與沮喪中起伏跌宕。孩子的成長給我太多意想不到的驚喜，每天，我都如同欣賞奧斯卡金像獎影片一般，對寶貝的一顰一笑、一抬頭一眨眼止不住地激動狂喜；但是另一方面，面對寶貝無法預知、無法掌控的各種成長現象，卻更感誠惶誠恐，不知所措。

於是跟著朋友去旁聽了「蒙特梭利居家教育」課程，才上了一堂課，我就深深地被蒙特梭利的教育理論吸引，我這才知道，原來寶貝的抬頭、翻身、七坐八爬、一歲走路、牙牙學語……，都是按著他們內在一套神祕的自我成長計畫進行著，這是多麼的神奇！多麼的有趣！又多麼的值得探索！

對照顧新生兒一知半解的我，如獲至寶，迫切地想在最短的時間內全盤理解這整套原理，於是，我又成了一位樂在學習、用功求知的學生，絕不錯過任何一堂課。每次，我都不辭辛勞地揹著寶貝，轉上三趟車，準時聽講，不遲到、不早退。

如果說這是我這輩子以來覺得最重要、最實用、最精彩的課程，一點也不為過，而後

來在我將蒙特梭利理論應用在教養三個孩子的過程中，也真真實實見證到他們驚人的自我成長力量。

寶貝3、4歲進入聽覺敏感期時，每天都會問我他聽到的音樂是什麼樂器演奏的，於是我按著蒙特梭利的做法——預備環境，為寶貝提供各式各樣樂器的圖片，尋找適合的CD來滿足他的好奇心，沒想到寶貝真的爆發出強大的能量，在很短的時間之內，就能辨認出各種樂器的聲音差異。

4、5歲，進入符號辨認期時，寶貝對路上形狀相同、圖案卻大異其趣的交通符號著迷不已，於是，我為寶貝蒐集各式各樣的交通符號圖案，小人兒竟然天天伏案依樣畫葫蘆，兩三個月就畫了幾十張的交通符號圖，並且神奇的自我學習，能辨識上百種的交通標誌。

交通標誌辨識完畢，緊接著對都是四方形、但圖案不同的各國國旗產生興趣，於是同樣的，我為孩子預備各國國旗的圖案，小人兒一樣天天畫國旗，不出兩個星期，竟能對應出世界上多數國家的國旗、國名與所在地。

累積這一次次的經驗，我真的感受到，若能讓孩子搭著「敏感期」的順風車，學習將是多麼的快速與快意！相反的，如果背道而馳，孩子不僅學不會，也會變得抑鬱寡歡，脾氣暴躁，甚至對學習產生排斥，我真的慶幸自己在展開教養之路時就能接觸到這麼重要的教養原理。

現在，你是如此幸運，因為不必出門，不必上課，閱讀這本《在家玩蒙特梭利》就能裝備好一切。這本書結構清晰，說理淺顯易懂，能夠讓你在最短的時間之內，輕鬆快速地理解寶貝每一個階段會爆發的內在成長力量，也就是蒙特梭利所提出的成長「敏感期」。

跟著這本書上清楚列舉的線索，你能精準掌握到孩子學習說話、發展語言、學習規矩與秩序、發展視覺、聽覺、嗅覺、味覺、視覺，以及發展肢體動作、發展觀察力、學習閱讀與書寫的各種敏感期。

同時，本書介紹了很多非常簡單又效果顯著的遊戲，你不必花錢讓孩子上才藝，只要能掌握到孩子每個敏感期，都能讓孩子在對的時間，透過對的活動，讓大腦神經做好連結配置，讓骨骼肌肉充分運作，身心完整發展，為學齡後的自發性學習奠基。

目錄

第2章

語言敏感期（0～6歲）

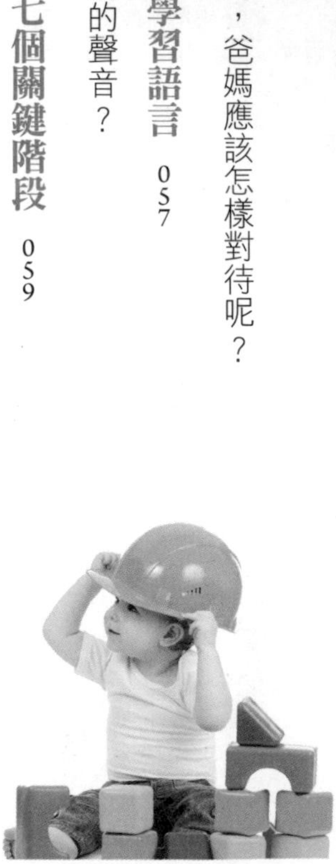

第3章 秩序敏感期（2~4歲）

第4章 感官敏感期（0～6歲）

第5章 對細微事物感興趣的敏感期（1.5～4歲）

第6章

動作敏感期（0~6歲）

第7章 社會化發展敏感期（2~6歲）

第8章 書寫敏感期（3.5～4.5歲）

第9章 閱讀敏感期（4.5～5.5歲）

第10章

文化敏感期（6～9歲）

─前言─

孩子從呱呱落地到會走路、說話、寫字……孩子一切從零開始，是如何完成這些看似「不可能的任務」以適應這個複雜的世界呢？

蒙特梭利曾說道：「經歷敏感期的孩子，其無助的身體正受到一種神聖命令的指揮，其小小心靈也受到鼓舞。」在0～6歲的成長過程中，孩子受內在生命力的驅使，在某個時間段內，專心吸收環境中某一事物，順利通過一個敏感期後，孩子的心智水準便從一個層面上升到另一個層面。

敏感期不僅是孩子學習的關鍵期，也影響其心靈、人格的發展。因此，家長應該尊重自然賦予孩子的行為與動作，並且提供必要的幫助，以免讓他錯失一生僅有一次的特別生命力。

第1章

重視孩子的敏感期

敏感期是自然賦予兒童順利成長的生命助力，爸媽與其逼著寶寶痛苦地學習，不如耐心期待寶寶敏感期的到來，讓寶寶依照內在導師的指引，自動自發快樂地成長、學習。

本章先帶領爸媽瞭解「敏感期」對幼兒發展的重要性，以及「敏感期」的六大特點。

對於敏感期的寶寶，家長需要做到的是：瞭解、寬容、愛、自由、鼓勵、期待……協助寶寶借助這股生命之力，建構自己獨立、穩定、平和、健康的個體！

敏感期是孩子生心理發展的關鍵時期

對於寶寶，「敏感期」是成長必經的內在時間表，
是自然賦予他的生命助力；
對於家長，「敏感期」是打開寶寶內心世界的鑰匙，
是與寶寶心靈最初的碰撞和交融。

Q 寶寶這是怎麼了？

他在幾個月大的時候，就愛伸出食指摳摳媽媽的耳孔、鼻孔，甚至經常拽掉媽媽漂亮的耳環；

他在1歲左右總是堅持不懈、不知疲倦地練習走路，可真到他已經能跑會跳了，反而總是伸出小手讓媽媽抱抱；

她總是喜歡擺弄媽媽的化妝品，擰擰瓶蓋、塗塗口紅，不但把梳妝檯搞得亂七八糟，也將自己的小臉塗成調色盤；

她每次喝優酪乳時總是要一連串地做拿優酪乳、拔蓋子、撕標籤、插吸管的動作，打

亂其中哪一個順序，她都要堅持再重新來過；

他在2歲左右總是不停地說「不」、不許別人動他的東西，好像變得愈來愈自私了……

蒙特梭利解讀

寶寶這是怎麼了？他（她）有什麼問題嗎？

別擔心，一切正常！

這一切的背後，有一個黃金般珍貴的緣由：寶寶的「敏感期」到來了！

蒙特梭利對於敏感期是這樣定義的：

所謂敏感期，是指在0～6歲的成長過程中，兒童受內在生命力的驅使，在某個時間段內，專心吸收環境中某一事物的特質，並不斷重複實踐的過程。順利通過一個敏感期後，兒童的心智水準便從一個層面上升到另一個層面。

「敏感期」一詞原是研究動物成長時首先使用的名詞。

教育學家蒙特梭利在長期與兒童的相處中發現，兒童的成長也會產生同樣的現象，因

敏感期，是指在0～6歲的成長過程中，兒童受內在生命力的驅使，在某個時間段內，專心吸收環境中某一事物的特質，並不斷重複實踐的過程。

而提出了敏感期的原理，並將它運用在幼兒教育上，對於提升幼兒心智做出了卓越的貢獻。

對於寶寶，「敏感期」是成長必經的內在時間表，是自然賦予他的生命助力；對於家長，「敏感期」是打開寶寶內心世界的鑰匙，是與寶寶心靈最初的碰撞和交融。

毛毛蟲的特殊時期

荷蘭生物學家佛里（Hugo de Vries）在觀察蝴蝶成長時發現：雌蝴蝶為了安全而隱蔽自己，本能地把卵產在葉子的背面。而葉子背面孵化出來的毛毛蟲，對光線的反應就特別敏感。牠們會借助陽光一直往樹枝的頂端爬行，而頂端恰恰有適合毛毛蟲飽食的嫩芽。

驚人的事實是：一旦毛毛蟲長大到可以吃較粗硬的葉子時，牠的敏感期就過去了，牠對光不再敏感，不再被光線所吸引，這種本能消失殆盡，敏感期的有效性至此終止，於是，毛毛蟲就沿著其他途徑去尋找新的生活手段。

毛毛蟲出生後對光線的特殊敏感性，就稱為蝴蝶幼蟲時期「光」的敏感期。

花嘴鴨的特殊現象

歐洲比較行為學者康拉德・洛倫茲（Konrad Zatharias Lorenz）以花嘴鴨做實驗，發現了這樣的特殊現象：實驗用的花嘴鴨孵化後，第一眼看到的就是康拉德，一天，他有事出去，無論走到哪裡，花嘴鴨都會排成一隊如影隨形。

通過研究，康拉德發現了許多物種，主要是鳥類，例如鴨子和鵝，在幼小的時候會表現出這種特殊現象，稱之為「銘記」或者又叫做「印刻效應」。一直到牠們發育成一隻成熟的鳥，這種能力才會消失。

因此，「銘記」就是花嘴鴨幼年時表現出來的敏感期。

腦科學的研究與發現

美國大學幼兒神經生物學家哈利・丘加尼（Harry Chugani）教授對嬰兒大腦進行掃描觀察，發現嬰兒腦部的各個區域在出生後一個接一個地活躍起來，並互相聯繫。科學家們發現，大腦在接收外部資訊時有其特定的時期，稱為「機會之窗」，而這個「機會之窗」就是我們所說的敏感期。

敏感期到來將使寶寶學習東西變得容易、輕鬆。

反之，當敏感期結束之後，學習將會變得非常艱難。

機會之窗會打開，亦會關閉，在某種學習階段的敏感期到來時（如視覺、聽覺、語言、情感、運動），「機會之窗」的開啟將使寶寶學習東西變得容易、輕鬆。反之，當「機會之窗」關閉時，學習將會變得非常艱難。

敏感期影響孩子的一生

敏感期的寶寶對外界的刺激特別敏感，
最容易吸收環境中的資訊，
先天潛能發揮得最好、最充分，
最容易獲得某種能力。

Q 「小狼女」為何無法發展人類智能？

一九二〇年，在印度的一個小城，人們常見到一種「神祕、像人的怪物」出沒於附近森林，尾隨在三隻大狼身後。後來人們解救了這兩個「怪物」，才發現是兩個裸體的女孩。其中大的7、8歲，小的約2歲，這兩個「小狼女」被送到孤兒院撫養。

透過身體檢查，「小狼女」雖然有些營養不良，但身體的生物系統是正常的。兩個狼孩雖然長得與人一樣，行為舉止卻完全像一隻狼。她們白天睡覺，夜晚活動，常常發出狼一樣的嚎叫，她們用四肢爬著走路，用手直接抓食物送到嘴邊吃。研究者在人類的正常社會環境裡對其進行訓練，教她們識字，學習人類的基本行為方式和生活技能。然而，其中的小狼女不幸死亡，大狼女在11、12歲時才開始會講一點點話，智力只相當於一個普通嬰兒的智力水準。

蒙特梭利解讀

「狼女」所有重要的敏感期都是在狼的世界裡度過的，即便人類想盡了辦法，也無法讓「狼女」回歸人類社會，其心智也受到了無可逆轉的影響。

Q 長期與世隔絕的士兵，為何馬上恢復正常生活？

第二次世界大戰時期，一個士兵在東南亞的大森林裡迷了路，在深山裡度過了二十年與世隔絕的生活，成了名副其實的森林野人。當人們把這位士兵解救回人類社會後，一段時間內，他的語言發生了障礙，表達時有些詞不達意，但很快的，士兵就恢復了流暢的語言，把自己在深山中的這段經歷描述出來。

一位作家根據士兵的講述撰寫了一本叢林求生的書籍。而這位士兵後來還成了家，過著普通人的幸福生活。

蒙特梭利解讀

這位士兵雖然與世隔絕地度過了二十年的時光，但他0～6歲促進發育成長的所有敏感期都是在人類社會中度過的，其心智均已定型，所以在短暫的恢復期後，士兵自然而然地回歸到人類的正常生活。

Q 沒得到外界刺激的新生兒為何無法過正常人生活？

二十世紀四〇年代，有位心理學家做了一項慘無人道的實驗，他從孤兒院挑了一批新生兒，把他們放在不見陽光的暗室裡生活，只要求照顧者給予飲食上的滿足，不允許有任何身體上的接觸，同時不允許給小寶寶任何刺激和撫觸。

最初這些嬰兒在生理上和正常嬰兒完全一樣，慢慢地機能退化，愈來愈癡呆，這項不人道的實驗被強烈反對叫停後，實驗中的嬰兒卻無法再過正常人的生活，由於沒有受到良性刺激，孩子們的視力低下，雖然經過長期的後天訓練和教育，只有個別孩子學會了吃飯、

教育的「關鍵期」就在兒童時代。關鍵時期是特定能力和行為發展的最佳時期，在這一時期，孩童對形成這些能力和行為的環境影響特別敏感。

穿衣等簡單的生活技能，絕大多數孩子始終沒能恢復人的基本特徵，終身癡呆。

蒙特梭利解讀

以上三則實例告訴我們：教育的「關鍵期」就在兒童時代。關鍵時期是特定能力和行為發展的最佳時期，在這一時期，個體對形成這些能力和行為的環境影響特別敏感。正如蒙特梭利所言：「孩子愛戀著環境，和環境的關係如同戀人一般。」換句話說，敏感期的寶寶對外界的刺激特別敏感，最容易吸收環境中的資訊，先天潛能發揮得最好、最充分，最容易獲得某種能力。

抓住敏感期為寶寶儲備適宜、豐富、合理的環境，如同農民不誤農時進行播種，定能收到事半功倍的效果，否則，不但事倍功半，還有可能終身難以彌補。

關鍵 敏感期的特點

1. 敏感期要具備三個要素：生物體在幼小時期具備的某種能力、針對環境中某種特定的要素、在某段時間內對該特定要素的感受特別敏銳。
2. 敏感期是有彈性的：有些敏感期可以得到彌補的機會，前提是寶寶必須擁有一個充滿愛和自由的成長環境。

3. 敏感期是具有階段性和關聯性的：當完成第一個敏感期時，下一個相關的敏感期便會接著到來。應該說它開啟的不是另一個特性的敏感期，而是一群相關特性的敏感期群。

4. 敏感期不是互相孤立的，而是互相聯繫的。

5. 敏感期的出現具有差異性：敏感期出現的時間對個體來說並非特別精準，每個寶寶由於能力發展的不同，所處的環境、刺激不同，各個敏感期出現的具體時間都會存在差異，甚至可能差異比較大。

6. 敏感期的出現需要環境的刺激與累積：敏感期的出現不僅存在個體差異，在敏感期出現之前，還有一個相對比較漫長的累積期，這個累積期往往看不到任何成效，但是它們是敏感期不可或缺的養分。如果事先沒有相關環境刺激的累積，敏感期出現的時間就會延後，甚至可能永遠都不會出現。相反的，若環境刺激的累積足夠，敏感期出現的時間就會提前到來。

抓住敏感期為寶寶儲備適宜、合理的環境，定能收到事半功倍的效果，否則，不但事倍功半，還有可能終身難以彌補。

第2章 0~6歲

語言敏感期

到底哪些行為徵兆代表寶寶的語言敏感期到了？爸媽又應該先做好哪些準備？徵狀出現後又該如何抓緊這個時期，提供寶寶良好的語言發展環境？

本章先從語言發展的七大關鍵階段瞭解寶寶的語言發展模式，再觀察寶寶是否進入語言敏感期、適時提供環境刺激，並配合十六款親子互動遊戲，打造「能說會道」的聰明寶寶！

請注意！

當寶寶出現以下狀況，
代表他（她）已經進入語言敏感期嘍！

敏感期徵兆：常常跟著大人句尾說話、老是喜歡重複同一詞句、常模仿大人說話、常常自言自語、時常出現不雅或暴力語言、突然開始口吃……

語言敏感期檢測表

0~6歲的寶寶正面臨了語言敏感期。進入本章前，請爸媽先勾選這份檢測表。這份檢測表可以幫助爸媽確認寶寶是否已進入了語言敏感期，同時，家長也能經由這份表格，進一步瞭解自己對於寶寶的敏感期發展，是否做出確切的應對。（各題末的頁碼標示，如 P.029 為本書相關主題的參閱頁碼）

1 在寶寶已經咿呀作語的階段，當他啼哭時，你的反應是？ P.065

□只要寶寶一哭就馬上將他抱起來安慰、逗弄。
□寶寶啼哭只是在撒嬌，一直抱會養成壞習慣。
□確認寶寶是否有不適，若沒有，哭兩聲也無妨。

2 1歲多的寶寶老是喜歡重複同一個詞句或同一個句子，你的反應是？ P.038

□只會重複同一句話，代表寶寶的學習力不高，應教他多認識其他句子。
□寶寶會重複同樣字彙或詞句是正常的，可適時用此詞彙或語句和孩子互動。
□叫寶寶不要惡作劇，幫助他改善這樣的壞習慣。

寶寶出生後語言發展的7個關鍵階段

月齡	階段名稱	語言發展特徵	配合遊戲
0~8個月	前語言理解階段	0~8個月的寶寶還不會與成人對話，幾乎不能理解成人的語言。此時，寶寶透過自發的咿咿呀呀做「自我訓練」，也嘗試著「理解」某些字、詞、句的意義。	1. 引導寶寶看媽媽的臉 P.076 2. 媽媽也來咿咿呀呀 P.078 3. 做事時別忘了和寶寶說話 P.079 4. 叫出寶寶的名字 P.080
9~12個月	語言理解階段	發音器官正常、具備良好語言環境的寶寶，9個月開始真正理解成人的語言。10個月左右進入口語萌芽階段。	5. 做一本屬於寶寶的小書 P.081 6. 用起床歌叫醒寶寶 P.082
13~16個月	以詞代句階段	寶寶不會說完整的句子，但會用一兩個詞代表一句話的意思。	7. 多玩觸摸遊戲 P.084 8. 認識動物世界 P.085

3 2歲多的寶寶老是喜歡故意學大人說話，你的反應是？ P.040

□當場糾正寶寶，告訴他這樣說話沒禮貌。
□留心自己的詞彙，刻意讓寶寶學習「優美」的口語。
□覺得很有趣，故意講一些稀奇古怪的句子，看寶寶能不能模仿。

4 從寶寶（通常是2歲半之後）口中出現罵人或不雅的詞句，你的反應是？ P.043

□立即叫寶寶停止，並嚴正警告他不可以罵髒話。
□以充滿耐心和愛心的口吻，告訴寶寶不可以罵人，要當個有禮貌的乖孩子。
□冷處理，不做出任何回應。

5 3歲多的寶寶喜歡自言自語唸唸叨叨說個不停，你的反應是？ P.048

□提醒寶寶這樣別人會笑，最好改掉這個壞習慣。
□在寶寶出現狀況時馬上制止，並嚴詞規定不可再犯。
□主動加入，與孩子進行對話。

6 4~6歲的寶寶出現口吃的現象，你的反應是？ P.053

□在寶寶口吃時提醒他從頭慢慢說。
□當場打斷，要寶寶別口吃。
□把寶寶帶到安靜的地方，瞭解他想說什麼。

17~24個月	25~32個月	33~48個月	4~6歲
簡單句階段	複合句階段	自我言語階段	幼兒語言綜合能力的發展
寶寶可以說簡單句組成的複合句，開始進入語言的爆發期，語言的理解與表達能力均有爆發性發展。	寶寶28個月左右，出現大量複合句。開始學會用語言評價人和事，也能使用語言支配他人。	自我言語階段在3歲達到高峰，寶寶特別愛講話，也能夠像小大人一樣加入各種活動。	4歲左右的寶寶開始有意識地掌握語音、詞彙及語法的規則，隨著年齡增長，思維表達能力也有所提升。
9. 聽兒歌，做動作 P.086 10. 讓寶寶挑錯 P.088	11. 和寶寶玩猜謎 P.089 12. 講錯故事，讓寶寶來糾正 P.090	13. 傳遞悄悄話 P.091 14. 自言自語的手指遊戲 P.093	15. 鼓勵寶寶邊說兒歌邊表演 P.095 16. 看圖講述 P.097

不斷重複與模仿，正是語言敏感期的徵兆

0～3歲的寶寶處於潛性吸收性心智的階段，
會毫無選擇地、如同海綿吸水一樣不斷吸收環境中各種豐富的語言資訊，
有鑑於寶寶如此特殊的學習方式，
成人一定要說文明的、規範的、準確的、富有美感的口語。

爸媽們是否有這樣的經歷：剛開始學說話的寶寶特別喜歡重複說同一個詞，隨著寶寶語言的發展，他（她）會喜歡重複同一句話，甚至喜歡聽大人講到厭煩的、重複的故事？寶寶為什麼會有這樣奇怪的行為呢？

Q 寶寶為什麼喜歡反覆說一個詞？

一天，媽媽正在收拾屋子，天天在自己的小搖床裡專注地擺弄著一個搖響玩具，一邊擺弄，一邊咿咿呀呀地發出各種聲音。

突然，天天大喊一聲：「媽媽！」

媽媽以為兒子在叫她，馬上跑了過來：「唉！媽媽在！怎麼了？」

天天只是笑著看了媽媽一眼，自顧自玩著玩具。看到兒子沒有什麼需要，媽媽繼續手邊的工作。

誰知，過沒兩分鐘，兒子又大叫：「媽媽！」

媽媽再次衝過來，天天依然自顧自玩著玩具，只是看著媽媽笑一笑……就這樣，一會兒的工夫，天天竟然反反覆覆讓媽媽白跑了好幾趟。看著兒子雀躍的表情，媽媽困惑了：這個小傢伙，還不會走路，就已經會折騰人了？

蒙特梭利解讀

語言是自然賦予人類的一種本能，只要是正常、健康的嬰兒，都有語言天賦，其潛能是巨大的。嬰兒從出生後，就「浸泡」在豐富的語言環境中，如海綿吸水一樣，吸收著大量的語言資訊。

突然有一天，寶寶發現，有一個詞彙能夠和一個物品配上對，這個結果讓他們欣喜不已，於是，寶寶開始喜歡有意識、無意識地重複這種配對行為。

語言是自然賦予人類的一種本能，嬰兒從出生後，就「浸泡」在豐富的語言環境中，如海綿吸水一樣，吸收著大量的語言資訊。

上面案例中，天天從與媽媽的重複叫答中，充分享受到語言所帶來的樂趣，而這種簡單的重複，恰恰是寶寶語言敏感期到來最明顯的表現。

隨著年齡增長，2歲左右的寶寶進入了語言的爆發期，他們會放棄天天那樣簡單的重複行為，進入更高級的重複階段，這個階段的寶寶會模仿成人說話，更像一隻學話的小鸚鵡，但這隻「小鸚鵡」只願意重複，不願意回答。

下面是2歲左右的寶寶和爸爸的一段對話。

爸爸：「寶貝，快叫李爺爺！」
女兒：「寶貝，快叫李爺爺！」
爸爸：「快說李爺爺好！」
女兒：「快說李爺爺好！」
爸爸：「讓你自己說！」
女兒：「讓你自己說！」
爸爸：「唉！這孩子沒禮貌！」
女兒：「唉！這孩子沒禮貌！」
爸爸：「爸爸不喜歡你了！」
女兒：「爸爸不喜歡你了！」

蒙特梭利解讀

類似的場景是不是也出現在你的身邊呢？2歲左右的寶寶進入語言的爆發期，寶寶明白了一句話可以表達一個意思，而這時的寶寶是完全有能力模仿一句話的，於是，孩子們開始了樂此不疲的模仿遊戲，語句再難都願意從頭到尾地模仿，從中體會更加多變的語言樂趣。

不瞭解語言敏感期的家長一定會把寶寶的這種模仿行為，理解為一種沒禮貌、淘氣、讓人頭疼的表現，甚至出言制止，打斷孩子的模仿。殊不知，**模仿恰恰是寶寶最重要的一種學習方式，它將大大提高寶寶語言發展能力的速度，在某一段時間是對一句話的模仿，其後就是自己對語言的內化和創造了。**

2歲左右的寶寶進入語言的爆發期，寶寶明白了一句話可以表達一個意思，於是，孩子們開始了樂此不疲的模仿遊戲。

Q 寶寶為什麼模仿大人特別像？

球球已經兩歲了，還不太愛開口說話，媽媽很是著急。到各大兒童醫院檢查了聽力和發音器官，儘管醫生一再保證孩子是健康的，媽媽仍然很擔心。有一天，球球突然開口說話了，他指著自己最喜歡的玩具小汽車說：「球球不乖、不說話、急死人、討厭、唉……」媽媽看到兒子說這番話時，心中就像打翻了五味瓶，又驚又喜又慚愧，不知是什麼滋味，這不是平時媽媽經常和球球說的話嗎？就連最後一個感嘆詞「唉……」球球都模仿得那麼像！

蒙特梭利解讀

0～3歲的寶寶處於潛性吸收性心智的階段，會毫無選擇地、如同海綿吸水一樣源源不斷地吸收環境中各種豐富的語言資訊，其中有好的，自然也會有壞的，從這個案例中，可見成人生活中的「言傳」威力非同一般。有鑑於寶寶如此特殊的學習方式，成人一定要說文明的、規範的、準確的、富有美感的口語。

強烈效果的詞彙，是寶寶在驗證語言的力量

當寶寶發現強烈效果語言的威力之後，
會一邊和家長玩著「隨時激怒你」的遊戲，
一邊測試語言的威力指數，
此時家長只須記住一個原則：冷處理，不做出任何反應。

Q 寶寶為何出現暴力語言？

奶奶到幼稚園接童童，一見面，童童突然冒出一句：

「奶奶，我打你的頭，用力打！」

看著童童認真地說著這句話，奶奶心裡很是不舒服。

一同來接孩子的丁丁媽媽嚴肅地說：「童童，你怎麼可以這樣和奶奶說話？」但童童沒有任何反應就跑到院子裡玩溜滑梯去了。之後很長一段時間，童童不只對奶奶，對爸爸、媽媽、爺爺，甚至連她最喜歡的姑姑也經常會蹦出一些「殺傷力」強大的話：

「我踢死你！」「我要把你的頭打出三個大包，像小新（蠟筆小新）頭上的包一樣大！」

「你是豬！笨死了……」

童童對這樣帶有強烈效果的詞彙樂此不疲，全然不顧全家人傷心和不解的眼神——怎麼那個「小可愛」突然變成「暴力王」了呢？

蒙特梭利解讀

隨著寶寶語言能力的提高，他不僅止滿足於重複和模仿了，探索和嘗試又讓寶寶發現了語言的祕密！原來語言是具備力量的，當一句話脫口而出的時候，會產生那麼強有力的效果。有威力的語言可以像一把劍或一把刀刺傷別人，於是，語言敏感期中咒罵語言的敏感期也就悄悄地到來了。

Q 寶寶為什麼愛罵人？

最近，丁丁突然學會了一個罵人的詞彙，每次當他說出這句「國罵」，全家人都亂作了一團，奶奶搖頭，爺爺跺腳，媽媽高聲叫了起來，爸爸舉起手要打丁丁的屁股……

儘管大家用盡了辦法，丁丁仍然樂此不疲地說著「國罵」，不分場合，不分地點，經常讓家人在外人面前抬不起頭來，怎麼讓丁丁做個有教養的孩子這麼困難呢？為什麼打也打了、罵也罵了，還是管不住丁丁，反而愈來愈厲害了呢？

蒙特梭利解讀

很顯然，丁丁完全沉醉在探索語言威力的快樂中。一般家庭針對寶寶出現類似罵人或詛咒的語言時，要麼強行制止，要麼大發雷霆，要麼軟硬兼施……如此反覆的強化，只會使寶寶更加深刻地感受到這些詞彙強烈的語言威力，因而樂此不疲。接下來，會促使寶寶更加頻繁地使用這些詞彙。

此時的寶寶，更像一個小導演，通過他的掌控，導演出一幕幕家庭鬧劇。針對寶寶這樣特殊的語言敏感期，家長是不是就沒有辦法了呢？

Q 對詛咒語言敏感期的孩子該如何處理？

張老師的女兒欣欣也進入了探索語言威力的敏感期。一天，張老師幫欣欣穿新買的小

一般家庭針對寶寶出現類似罵人或詛咒的語言時，大多會強行制止，這麼做只會使孩子更加感受到這些詞彙強烈的語言威力，因而樂此不疲。

皮鞋，繫鞋帶時欣欣突然說：

「臭媽媽！欣欣腳痛！」

張老師看了欣欣一眼，鬆了鬆鞋帶，對她說：「去和小朋友玩吧。」

欣欣似乎不願意看到媽媽這麼平靜的表情，更加大聲說著：「臭媽媽！我踢死你！」

張老師站起身來，忙著做家務去了。

欣欣有些不甘心，連出去玩的興致都沒了，她追著媽媽說：「媽媽，欣欣說『要踢死你！』」

張老師平靜地對欣欣說：「媽媽知道了，不過，媽媽正在忙著收拾屋子啊，欣欣快去玩吧，小朋友還在等著你呢！」

看到自己的發言並沒有引起太大的反應，欣欣覺得有點沒意思。接下來的日子，欣欣開始對全家使用這種強烈效果的語言，叫奶奶「老太婆」，叫爺爺「臭老頭」，偶爾還會給爸爸一句：「臭爸爸，胖得像豬八戒」……

全家人拿出足夠的耐心和寬容，保持一致，無論欣欣用多麼「惡毒」的語言，大家都不作出任何反應。

終於，這場愛心和耐力的「拔河賽」持續不到兩個月，欣欣在沒有得到任何回應、感覺到無趣的狀態下，徹底放棄了這個遊戲。

蒙特梭利解讀

多麼有智慧的一家人啊，應對寶寶詛咒與罵人這樣特殊的語言敏感期，最好的方法就是冷處理。**當寶寶發現強烈效果語言的威力之後，會一邊和家長玩著「隨時激怒你」的遊戲，一邊測試語言的威力指數**，看到自己說出口的語言使得家長反應強烈、暴跳如雷、神情激動……對於寶寶來說，這是一件多麼有趣的事情啊。

糾正寶寶的行為、制止寶寶的言詞、對寶寶發怒、對寶寶哀求……都不是科學的方法，面對寶寶這個特殊的語言敏感期，家長只需記住一個原則即可：冷處理，不做出任何反應。

應對寶寶詛咒與罵人的特殊語言敏感期，
家長只需記住一個原則：冷處理，不做出任何反應。

自我言語階段是語言轉換的過渡階段

當寶寶自言自語時，家長要主動加入，與寶寶進行對話，瞭解寶寶的思想，發展寶寶的語言能力。

在自我言語時期寶寶的語言交流如果受到阻礙，不僅會影響到寶寶的語言發展，還將造成性格的扭曲。

Q 寶寶為什麼愛自言自語？

媽媽帶果果出去玩，果果沒完沒了地說著話，小嘴巴一路上都沒停過。公車上一般都會有明星的圖片或照片，果果一會兒指著黎明的照片說：「那是黎明叔叔！」一會兒指著謝霆鋒的照片說：「霆鋒哥哥好帥啊！」接下來，果果又東張西望邊找邊說：「劉德華叔叔怎麼沒看見呢？」

果果自顧自說話的神情把車上的乘客逗得偷偷直笑，媽媽滿臉通紅，不知怎麼辦才好。媽媽存心不理果果，想讓她把小嘴巴閉起來。誰知，果果比劃著手裡的小熊玩具，自言自語了起來：「熊寶寶向前跑，果果在後面追，熊寶寶跑啊跑，果果追啊追，熊寶寶跑得快，果果追不上……」

看著小嘴巴說個不停的果果，媽媽真不知道該用什麼辦法才能讓她安靜下來。

蒙特梭利解讀

3～4歲是人類一生中講話最多的年齡，這個時期的寶寶比那些人們口中的「長舌婦」還要多話！研究表明，**正常教育下的寶寶在3歲左右已基本掌握了母語的語法規則系統，成為一個語言理解與表達能力均具備相當水準的「語言交流者」**，這時寶寶身邊的人和事、故事中的情景與人物，都可以成為寶寶孜孜不倦的話題。

在這個階段，寶寶產生了一種心理學上稱為「自我言語」的語言形式。所謂嬰兒的自我言語是指寶寶一邊進行各種活動，一邊自言自語，這些話既不是說給他人聽的，也不是講給自己聽的。這種自我言語只是把寶寶心裡所想的事情和他正在做的活動，自言自語地說出來，是一種情不自禁的語言。它是人類出生後的幾年裡特有的一種語言形式，在3歲後達到最高峰，8～9歲完全消失。

嬰兒的自我言語只是把寶寶心裡所想的事情和他正在做的活動，自言自語地說出來，是一種情不自禁的語言。

Q 多嘴的寶寶怎麼突然不活潑了？

婷婷是一個特別愛說話的寶寶，不分場合，不分地點，想起什麼說什麼，就連自己玩的時候也不停地嘮嘮叨叨，有時真讓媽媽感到尷尬。

婷婷的外婆就是一個特別愛嘮叨的老人家，為此，媽媽非常苦惱，覺得婷婷遺傳了外婆愛嘮叨的毛病。於是，媽媽開始限制婷婷的行為，總是在婷婷嘰嘰喳喳說話時打斷她，提醒她自己玩的時候不要自言自語，一心想把婷婷打造成一個文靜的「小淑女」。

誰知，過了一段時間，婷婷不但語言發展出現了障礙，就連性格都變得孤僻了，媽媽愈來愈不瞭解婷婷在想些什麼，「長舌婦」非但沒有變成「小淑女」，反而成了「悶葫蘆」。

蒙特梭利解讀

自我言語時期是人類一生中最需要進行語言交流的時期。

自我言語的產生是嬰兒由外部語言向內部語言轉化的一種過渡階段，因此特別需要家長引導寶寶，當寶寶自言自語時，要主動加入，與寶寶進行對話，瞭解寶寶的思想，發展寶寶的語言能力。如果在自我語言時期寶寶的語言交流受到阻礙，不僅會影響到寶寶的語言發展，還將造成寶寶性格的扭曲。

家長們千萬不能錯過這個讓寶寶發展語言能力的機會，不要因為寶寶經常嘮嘮叨叨地說話，而感到厭煩和訓斥他們，要成為寶寶可以交流的對象和忠實的聽眾，並抓住敏感期的特點，對寶寶出現的錯誤語言及時進行糾正。

寶寶會在和家長的交流中，發現語言的更多魅力，他們會像個文學家一樣，刻意追求並努力尋找一些更加美妙的字詞和語彙，常常會發生讓大人們意想不到、忍俊不住的效果呢。

Q 為什麼有的寶寶特別能言善道？

靚靚的媽媽通過學習瞭解了寶寶的語言敏感期，同時非常注意對靚靚的語言培養，靚靚在良好的語言環境中培養出優秀的語言表達及邏輯思維能力。

媽媽下班回家，聽說靚靚吃過點心了，就問靚靚：「聽說你上午偷偷吃了一根綠豆冰？」

靚靚回答：「我沒吃一根，只吃了半根。」突然，她好像反應過來什麼，又冒出令人噴

家長們千萬不要因為寶寶經常嘮嘮叨叨地說話，而感到厭煩和訓斥他們，要成為寶寶可以交流的對象和忠實的聽眾。

飯的一句：「我那不叫偷吃，是光明正大地吃。」

吃飯時，面對滿桌的飯菜，靚靚胃口大開，讚歎道：「好美味的佳餚啊，我要大快朵頤了！」

接下來，靚靚大口吃著紅燒肉，奶奶怕她噎到，提醒她慢慢吃，靚靚一邊咽著紅燒肉，一邊含糊不清地說：「沒事的，奶奶，我在囫圇吞棗呢！」

蒙特梭利解讀

寶寶對詞語的使用和解釋來自於成人、同伴，尤其來自父母。他們對語句字詞的使用和解釋來自於生活、來自於語言環境、來自於自身體驗和語言配對、來自於聽閱讀時的內化與感悟、來自於自由地使用語言……

當父母瞭解了寶寶語言敏感期的特點，改變以往隨意的說話方式，為寶寶儲備的不單是準確、豐富、風趣的語言本身，更為寶寶提供了一個良好的人文環境。

在愛和自由中，寶寶能夠感受自己、感受他人、感受環境，同時捕捉可以準確表達的聲音，並且反應迅速地表達出來，這種表達，就不僅僅是語言本身了，它更代表著一種力量、一個真實、一份深刻，而科學教育的效果往往就體現在語言上面。

口吃，獲得語言時短暫發生的退化現象

4～6歲寶寶的「口吃」不是真正的口吃，
隨著寶寶年齡的增長，
寶寶掌握的詞彙量、說話速度及思維能夠準確地聯繫在一起時，
口吃的現象就自然而然地消失了。

Q 寶寶為什麼會突然口吃？

一天，琪琪的媽媽憂心忡忡地來找老師，訴說自己的煩惱。原來，琪琪已經上中班了，本來說話挺好、挺流暢的，不知道為什麼，最近總是出現口吃的現象，媽媽怕琪琪這樣發展下去真的變成結巴。

蒙特梭利解讀

寶寶的語言能力不斷發展著，邏輯思維能力也在不斷提高著，他們希望能用更新的詞

語和句子來表達自己的想法和看法，雖然腦海中充滿了各種詞彙，但寶寶急於表達自己的心意時，說話的速度無法配合，因此會出現語言及思維的脫節現象，於是「口吃」就在這時出現了。

準確地說，4～6歲寶寶的「口吃」不是真正的口吃，隨著寶寶年齡的增長，寶寶掌握的詞彙量、說話的速度及思維能夠準確地聯繫在一起時，口吃的現象就自然而然地消失了。

Q 還有什麼原因會造成寶寶口吃？

軒軒有個和他年齡差不多、「能說會道」的表哥，表哥從小就伶牙俐齒，深得大家的喜愛。每次大家庭聚會時，大家總是拿軒軒和小表哥比較，特別是軒軒在語言發展的特殊時期出現口吃現象時，更是遭到家中大人的批評和訓斥。

媽媽經常嚴厲地對軒軒說：「好好說話！說慢一點，不可以結巴！」結果不但沒能讓軒軒有所改善，反而弄得他不敢開口說話了。

蒙特梭利解讀

軒軒家人的做法實在是有失科學性。軒軒也是一個獨立的、值得尊重的個體，家長需要記住的一句話是：**永遠不要拿自己寶寶的弱項和其他寶寶的強項比較**。這樣對寶寶是不公平的。軒軒被小表哥比得本來自信就少了很多，加上又處於語言發展的特殊階段，如果家長的處理方法不當，可能會影響他一生的語言能力。

在這個特殊時期的寶寶，需要家長為孩子提供一個寬鬆、自由的語言環境和空間，同時放鬆自己的要求，幫助寶寶順利度過「口吃」的特殊階段。

關鍵

當寶寶出現口吃現象時，爸媽應該怎樣對待呢？

＊要有耐心，等待你的寶寶找到他想要表達的詞彙；
＊不要模仿他，不要提示他，不要讓寶寶注意到他的口吃；
＊不要叫寶寶減慢語速或重新開始，因為這不會起到什麼良好的作用；
＊帶寶寶到一個比較安靜的地方，這樣你能夠注意他，瞭解寶寶想要說些什麼；
＊不要讓別人取笑他，更不要隨意讓別人糾正寶寶的講話；

家長要為孩子提供一個寬鬆、自由的語言環境和空間，同時放鬆自己的要求，幫助寶寶順利度過「口吃」的特殊階段。

＊當寶寶努力交談的時候，嘗試減輕他可能感到的壓力；
＊永遠不要因為口吃而處罰寶寶；
＊多和寶寶做遊戲、唱歌，和他一起唸有韻律的歌謠，使語言活動變成一種樂趣；
＊如果這些你都能做到，再加上一份寬容、耐心和愛，就靜靜等待寶寶的成長吧！

寶寶在胎兒時期就開始學習語言

胎兒最喜歡媽媽的聲音，
媽媽的聲音是一種高音頻的聲音，
通過骨骼及血液的傳導使胎兒能夠感受到，
寶寶出生後，可以通過聆聽媽媽的聲音而得到安慰。

Q 寶寶記得胎兒時期聽到的聲音？

皮皮的媽媽懷著皮皮的時候，常常和自己最要好的朋友莉莉小姐聚會，因為莉莉小姐是位教師，常和皮皮媽媽探討一些育兒經，並教皮皮媽媽一些有效的科學育兒方法，皮皮媽媽非常受用。

接下來，莉莉小姐到外地出差大半年的時間。就在皮皮出生後六個月的一天，回到家鄉的莉莉小姐到皮皮家作客。當莉莉小姐伸出手對皮皮說：「走啊，皮皮，我們出去曬太陽！」皮皮自然而然地伸出雙手讓莉莉小姐抱。媽媽吃驚極了：「真神奇，皮皮除了我們夫妻兩個，從來不讓外人抱她，今天好奇怪啊！」

蒙特梭利解讀

寶寶語言能力的發展，其實在胎兒時期就已經開始了。胎兒在出生前的十週裡就可以對聲音做出反應。皮皮一定是在胎兒時期就常常聽到莉莉小姐的聲音，再加上媽媽愉悅的情緒，因此就記住她了。

不過，在各種聲音裡，胎兒最喜歡的還是媽媽的聲音，媽媽的聲音是一種高音頻的聲音，通過骨骼及血液的傳導使胎兒能夠感受到。

委內瑞拉的首都加拉加斯國立醫院進行了以下的實驗，讓剛出生一天的嬰兒躺在中間，母親和護士分別坐在床頭的兩側，兩個人同時對嬰兒講話，並呼喚嬰兒的名字，在多次呼喚中，嬰兒總是將頭準確地轉向母親的那一側，表現出很好的反應一致性。試驗中，即使要求護士大聲而母親小聲地對嬰兒講話，結果仍然相同。其他國家也做過類似的實驗，其結果與上述相同。

因此，寶寶出生後，可以通過聆聽媽媽的聲音而得到安慰，即使是剛出生的嬰兒，也能從媽媽對其哭聲的回應中，慢慢建立起自己的溝通模式。

寶寶出生後語言發展的七個關鍵階段

寶寶出生後，其語言發展共有七個關鍵階段，語言能力的培養要根據嬰兒不同成長期的特點，有目的、有針對性地開發、訓練，根據不同成長月份的語言特徵進行啟蒙訓練。

人不是生而知之，也不是生而說之。語言能力的培養要根據嬰兒的不同成長期特點，有目的、有針對性地開發、訓練，要根據不同成長月份的語言特徵，用不同的方法、不同的途徑進行啟蒙訓練。

在還沒有開口說第一句話之前，寶寶並不是遠離語言，而是處於「前語言理解階段」和「語言理解階段」。

在「前語言理解階段」，寶寶在為理解語言而積累資訊。

在「語言理解階段」，寶寶通過理解語言、語義，學習掌握語法、語義，開始學習用語言進行交流。

經過前語言理解階段和語言理解階段，寶寶逐步學會了說單字、片語、句子、段落……

0～8個月：前語言理解階段

前語言理解階段是指寶寶出生至8個月這段時期。人類的語言活動包括「聽」和「說」兩方面，與寶寶語言活動中接收性語言及表達性語言的學習歷程相符。

語言的學習一定是先接收、再理解、最後表達，因此，人類學習語言有自己的階段方式，一般稱為金字塔式的語言學習模式：塔底最基礎、最積澱的部分，正是為寶寶儲備優良的、準確的、豐富的、多元化的、完善的語言環境，寶寶會聽才會說、能讀才能寫。**很多家長往往只注意塔尖的讀寫部分，殊不知只有將基礎打穩，寶寶的語言能力才能夠得到順暢的發展。**

0～8個月的寶寶還不會與成人對話，幾乎不能理解成人的語言，嚴格地說，這個月齡階段的寶寶還沒有產生真正意義上的語言理解和表達能力，他們的語言活動多是接收性語言。

但這個月齡階段的寶寶也在為語言的發展做準備。

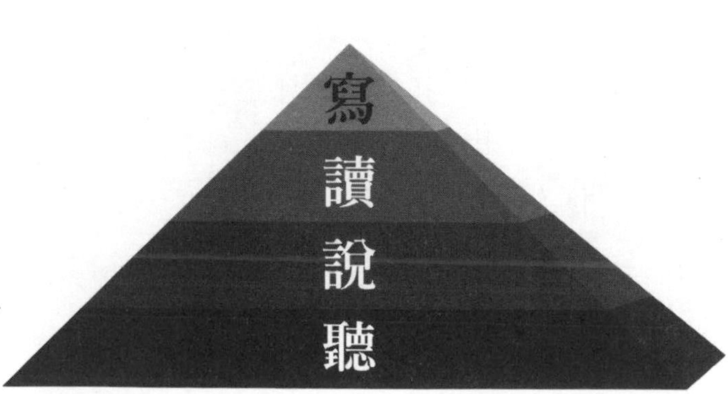

一方面，寶寶通過自發的咿咿呀呀做著「自我訓練發音」；另一方面，寶寶對「理解」語言也有著懵懂的、飛速的進步：他們通過成人的語音、語調，結合成人的肢體動作、表情，再加上成人在寶寶眼前來回擺弄的各種物品，嘗試著去「理解」某些字、詞、句的意義。

寶寶的前語言理解階段，最重要的影響因素就是成人是否對其講話以及講話的水平如何。通過傾聽、發聲、模仿、呼喚、發出與行為有關的聲音等一系列活動，開啟寶寶的語言訓練計畫。

9~12個月：語言理解階段

研究顯示，無論哪個國家的嬰兒，只要發音器官正常，同時具備良好的語言環境，從9個月開始就能真正理解成人的語言。因此，進入語言理解階段的寶寶，其重要標誌就是已經能夠理解成人常用的一些字、詞、句的意義。但由於遺傳、教育、環境等原因，寶寶語言發展的個體差異比較大，有些寶寶7~8個月就進入語言理解階段，有些寶寶1歲

無論哪個國家的嬰兒，只要發音器官正常，同時具備良好的語言環境，從9個月開始就能真正理解成人的語言。

多了才開始，這需要爸媽耐心地觀察和引導。

有些嬰兒10個月左右就進入口語萌芽階段。9～12個月正是培養寶寶語言能力的最佳時機，大量的語言刺激及引導，對寶寶語言的真正獲得至關重要。

13～16個月：以詞代句階段

這個階段的寶寶已經開始掌握詞彙了，語言的概括能力已開始萌芽，表現在把不同的詞和具體事物進行區分和聯繫；理解語言的能力也有所增強，1歲半左右的寶寶已經能夠聽懂短小的故事了，由於寶寶幾乎還沒有語言表達能力，不會說完整的句子，基本會用一兩個詞代表一句話的意思或幾個意思，所以稱為「以詞代句」。

當寶寶開始能不用模仿成人而自己說出一些真正意義的字、詞時，就代表寶寶的口語能力真正產生啦。

17～24個月：簡單句階段

這個階段的寶寶已能掌握較多的日常基本詞彙，如常用的代詞、常見物品的名稱以及常做的簡單動作。這個階段的寶寶不再處於「以詞代句」的情況，但所說的句子比較簡單，也會用簡單句組合成簡單的複合句，如：「媽媽吃飯，寶寶也吃飯」等，這個階段的後期，隨著寶寶語言理解能力的進一步加強，可以和成人進行簡單的對話了。

寶寶語言能力發展到能夠掌握完整句的階段，就進入到語言的爆發期，無論語言理解及表達能力等方面，均有爆發性的發展。

25～32個月：複合句階段

寶寶在28個月左右，複合句會大量出現，約占寶寶語言的50％，因此稱為複合句階段。這時寶寶的句子更加完整，明顯加長，內容也愈來愈豐富，寶寶開始學會用語言評價人和事，也能使用語言來支配他人，還可以用語言進行最簡單的組織活動。

為寶寶創設豐富、優美、準確的語言環境，引導寶寶在生活中運用語言表達自己的喜怒哀樂，並不斷協助寶寶擴展句式，有助提高語言能力。

寶寶在28個月左右，複合句會大量出現，約占寶寶語言的50％，這時寶寶的句子更加完整，明顯加長，內容也愈來愈豐富。

33～48個月：自我言語階段

3～4歲的寶寶特別願意和他人交談，甚至能嘮嘮叨叨地講上一兩個小時，他們能夠掌握豐富的詞彙，複合句大量增加，語言的發展步入自我言語階段，這正是寶寶語言開始進入社會性的階段，他可以像個小大人一樣以「語言者」的身分加入各種活動。自我言語的語言形式，3歲時達到高峰，8～9歲完全消失。

自我言語的產生是嬰兒由外部語言向內部語言轉化的一種過渡階段，家長不可限制，不能厭煩，要善加引導，多和寶寶交流、對話，核心任務是提高寶寶的語感及語言理解、感悟能力。

4～6歲：幼兒語言綜合能力的發展

幼兒語言綜合能力的發展主要表現在兒童掌握語音、詞彙、語法及語言表達能力等方面。4歲左右的寶寶，開始逐步有自覺地、有意識地對待語音、詞彙及組詞造句的規則，隨著年齡的增長，思維表達能力也有所提升，語言推動著思維不斷向前發展。

父母要根據寶寶語言發展的特點，制定針對性的語言發展訓練計畫，同時發揮成人的榜樣，努力開發寶寶的潛在語言能力，促進其智力的階段性發展和提高。

打造「能說會道」寶寶的制勝祕笈

若寶寶的語言發展不是特別理想，家長首先要從自身尋找原因。是否讓寶寶適時適度地啼哭過？副食品的添加是否科學？家人是否為寶寶儲備優良的語言環境？照顧是否太過精細？找到癥結再制定相應指導方案，對寶寶的語言發展才是公平的。

幼兒時期是語言發展的重要時期，幼兒時期的語言發展對幼兒一生的語言都有影響，而且幼兒語言的發展與智力的發展有密切的聯繫，因此，爸媽應注意對幼兒語言的培養和訓練，努力開發幼兒潛在的語言能力。

關鍵1 啼哭是語言的開始

你知道嗎？**寶寶練習發聲和呼吸是從啼哭開始的。**如果你的寶寶語言能力發展得不是很理想，這其中的原因要從寶寶降生到這個世界的那一天開始。

寶寶最開始的啼哭沒有什麼特別的意義，**從出生第2個月以後，啼哭才開始與一定的**

意義相聯繫。寶寶以啼哭表示「餓了」、「睏了」、「濕了」、「拉臭臭了」等意思。特別是在2、3個月以後，寶寶會在吃飽、睡好、情緒良好的狀態下，常常咿呀作語，發出一些單音，如a（啊）、e（呃）等，5、6個月以後，會逐漸發出複合音，如ma-ma、da-da等。這種自發的發音練習6個月以後依然存在。

在寶寶最喜歡咿呀作語的階段，家長千萬別怕寶寶哭，如果寶寶一哭便抱、一哭便逗、一哭便餵，等於剝奪了寶寶練習發聲和呼吸配合的機會。因為，寶寶啼哭時，吸氣短，呼氣長，正好和成人說話時的呼吸狀況和頻率相同。

成人說話和表達時，是不是連續說上一段話（呼氣長），中間偷偷地換上一口氣（吸氣短）再繼續說。**有的寶寶學會說話之後不會在語句中間換氣，正是因為寶寶沒有掌握好語言的頻率與呼吸狀況的結合所造成的。**

當然，這不是告訴家長對寶寶的所有哭聲都置之不理，而是提醒家長寶寶在吃好、喝好、睡好、無病、舒舒服服的狀態下哭個兩聲也無妨，因為，啼哭正是寶寶語言訓練的開始。

關鍵 2

母親是寶寶語言發展的直接影響者

華盛頓大學的科爾是研究嬰兒聽覺的專家。他根據腦內皮質的神經元活動區域，勾畫出了腦內的「聽覺地圖」。嬰兒腦內的「聽覺地圖」大概到1歲左右完成。神經元到這個時期為止，對進入聽覺地圖的聲音不會難以分辨。因此，輸送愈多意義的聲音到0歲嬰兒的耳朵裡，愈能促進嬰兒腦內主管聽覺的神經元的敏感性。

有研究證明，寶寶獲得的詞彙數量大多取決於母親對寶寶說話的數量。研究者在對20個月的寶寶的語彙掌握調查中得到這樣的結果。比起不太能聽到母親說話的嬰兒，經常聽到母親說話的嬰兒所掌握的詞彙要多（平均）一百三十一個，在對2歲寶寶所做的同樣調查中，兩組之間所掌握的詞彙數量，差距竟然達到（平均）二百九十五個。

母親對寶寶的影響可以細化到任何細節，尤其是語言。

研究發現，母親與寶寶的說話多少、說話時間、說話次序這樣的細節對寶寶帶來的效應，比父親對他的影響深遠得多。為了打造一個能說會道的寶寶，請母親多和自己的小寶寶說說話吧。

在寶寶最喜歡咿呀作語的階段，家長千萬別怕寶寶哭，如果寶寶一哭便抱，等於剝奪了寶寶練習發聲和呼吸配合的機會。

關鍵3

副食品的添加促進口腔的良好運動

你可能從來沒有想到過，副食品的添加也可以影響到寶寶語言的發展吧？現在的寶寶被家人照顧得太精細了，再加上當今社會科技發達，無論多麼堅硬的食品都可以用榨汁機打得粉碎。殊不知，**總是讓寶寶吃太過精細的食品，對寶寶的發展是百害而無一利。**

寶寶副食品的添加是有一定原則的，由少到多、由稀到稠、由細到粗，當寶寶咀嚼固體食物時，他需要調動口腔內多少塊肌肉進行運作，同時配合舌、咽、喉等呼吸系統的協調，而這恰恰與寶寶開口說話時運用到的口腔及呼吸系統的配合是緊密聯繫的。

許多看似是語言發展的問題，其實是缺乏咀嚼能力鍛鍊。吸吮是天生的，而咀嚼需要學習、需要培養。讓寶寶適時多吃一些粗加工的食品吧，**家人太過精細的照顧讓寶寶缺失的是良好的口腔運動**，一個口腔肌肉都發展不好的寶寶，怎麼能說出流利、清晰、連貫的語言呢？

關鍵4

兒語是寶寶最愛的語言形式

兒語，是兒童最喜歡和最接受的一種語言形式，它是指和小寶寶說話時的音調、頻率、速度、表情、動作、肢體語言的豐富程度最易於寶寶接受和理解，一般兒童節目的主持人大多用兒語和寶寶進行交流。

他們**說話時句子短小而簡單，音調較高，表情豐富活潑，語氣形象誇張，配合語言，輔以豐富的肢體動作，這才叫真正的兒語**，才是寶寶語言發展中最能促進寶寶語言發展的形式。

生活中有些家長和寶寶說話時，總是喜歡說：「寶寶，來穿衣衣、穿褲褲、吃飯飯。」這樣的語言方式不能稱之為兒語。如此不符合規範的語言反而會對寶寶語言的發展產生障礙。

在寶寶的語言敏感期，家長使用的語言應該正確、準確，對於寶寶來說，語言的學習沒有難易之分，只有錯誤與正確之分，這是值得家長注意的一個原則。

關鍵 5

優秀、豐富、多元的語言環境，決定語言發展的優劣

寶寶對詞語的使用和解釋來自於成人、同伴，尤其來自於和他最親近的父母。寶寶語

母親與寶寶的說話多少、說話時間、說話次序這樣的細節對寶寶帶來的效應，比父親對他的影響深遠得多。

言發展的優劣來自於家人為寶寶儲備的語言環境。寶寶對語句字詞的使用和解釋來自於真實的生活、來自於自身體驗、來自於語言配對、來自於聽父母閱讀時自己的內化與感悟、來自於自由地使用語言……

當父母瞭解寶寶語言敏感期的特點，改變隨意的說話方式，為寶寶儲備的不單只是優秀、豐富、正確、多元化的語言環境，更為寶寶提供了一個良好的人文環境，在愛和自由中，寶寶能夠感受自己、感受他人、感受環境，從接收到理解，從理解到表達，逐步提高和建構語言能力。

其實，為寶寶儲備的優秀、豐富、正確、多元化的語言環境中，同樣包含著家人對寶寶深沉的愛！

關鍵 6

過於精細的照顧會阻礙語言的發展

每個寶寶都是家庭中集萬般寵愛於一身的寶貝，全家人都在為寶寶的快樂成長貢獻自己能貢獻的力量，正所謂「天下父母心」啊！然而，處於語言敏感期的寶寶如果得到太多的照顧，反而會讓寶寶喪失語言表達的機會。

生活中不乏這樣的現象，媽媽似乎能看穿寶寶的所有心思，不等寶寶開口，媽媽就能在寶寶思考及表達語言之前先幫他做好，殊不知，長此以往寶寶透過語言表達需求的能力自然會降低，寶寶心中會產生這樣的依賴——「我想什麼媽媽都知道，我還沒來得及想的媽媽也知道，好了，不需要我操心了。」所以，生活中的小皇帝、小公主其實是被家長這樣慣出來的。

在寶寶語言敏感期的時間內，家人必須協調一致，有意引導寶寶透過語言表達自己的需求，還可以透過語言指示寶寶幫助家長做一些他力所能及的事情，這樣不但可以促進寶寶語言接收、理解及表達能力的提高，同時也能夠培養寶寶愛勞動、關心、體貼家人的好品格。

關鍵7

炫耀、指責、比較，是寶寶語言發展中的大忌

寶寶的語言發展因個體差異而有快有慢，而且每個寶寶都有自己獨特的表現形式。在寶寶語言發展的過程中，爸媽千萬不要以寶寶的語言發展程度作為炫耀的資本，也不要透過比較來指責自己的寶寶，這恰恰是寶寶語言發展過程中的大忌。

常常聽到有些家長說這樣的話：「你怎麼這麼笨？人家緯緯都會說很多話了，你怎麼

許多看似是語言發展的問題，其實是缺乏咀嚼能力鍛鍊，家人太過精細的照顧會讓寶寶缺少適當的口腔運動。

像個悶葫蘆什麼都不說？」「看看人家妞妞，見到誰叫誰，你怎麼都不會，真讓我丟人！」

你知道嗎？**再小的寶寶也是一個值得尊重的個體，你的反覆比較、指責會傷害到寶寶小小的自尊心**，這份障礙和陰影可能會影響他很多能力的成長。

如果寶寶的語言發展不是特別理想，你首先要從自己的身上找找原因：嬰兒時期有沒有讓寶寶適時適度地啼哭過？寶寶副食品的添加是否科學？家人有沒有為寶寶儲備一個優良的語言環境？媽媽有沒有經常和寶寶進行交流？家人的照顧是否太過精細？寶寶有沒有語言表達的機會？……找到癥結所在，再制定相應的指導方案，這樣對寶寶的語言發展才是公平的、科學的。

父母應該記住這件事：寶寶只和自己縱向比較，衡量他是否進步或退步，永遠不要拿自己寶寶的短處和其他寶寶的長處比較，因為這樣對寶寶不公平。

關鍵 8

雙語家庭是寶寶的幸運

如果你的寶寶出生在一個「聯合國」家庭，同時接受兩種或兩種以上的語言，恭喜你，你的寶寶非常幸運，因為他有條件和能力成為同時擁有兩種或兩種以上語言的人。

・寶寶越小，學習語言越容易

嬰兒剛出生時，他們的大腦接受所有語言的語音，是真正的「世界公民」，腦細胞會根據不同語音的刺激進行相關的鏈結。隨著寶寶的成長，如果處於某個特定的語言環境裡，他們的腦部就會發展形成特定的感知映射，這可以幫助寶寶把注意力集中在他們能夠聽到和體驗到的語言上面，所以智商再有問題的寶寶也會掌握母語。

如果一種語音在寶寶的語言中很少出現，寶寶辨別這種語音的能力就會較弱。年齡越大，寶寶就越難區分他們不經常聽到的聲音，因為，在寶寶的大腦內部，沒有一組神經突觸是指定用來「聽」它們的。

生活中，學習外語，年齡愈大的人學習起來困難愈多，要麼怎麼學也學不會，要麼會看不會說，要麼會說不會看，要麼說出的外語總是怪腔怪調的，這是因為聽覺系統中愈來愈多的部分已經被分配用來「聽」母語的聲音了。

・多種語言刺激可強化寶寶對語音的處理能力

雙語家庭的寶寶是幸運的，寶寶從出生後就開始同時進行兩種或兩種以上的語言刺

寶寶的語言發展因個體差異而有快有慢，爸媽千萬不要透過比較來指責自己的寶寶。

激。**語言環境是學習語言的必備因素，無論是哪種語言，對於寶寶而言都必須經歷「接收—理解—表達」的過程**，因此，學習第二門語言，絕非只是學習幾個簡單的單字那麼簡單。

雙語家庭的寶寶由於同時進行幾種語音的刺激，接收、理解後需要充分內化的時間，所以他們的語言表達會比只用一種語言交流的寶寶慢一些，待寶寶將吸收到的語言內化、理解並分門別類整理好之後，就會同時開始幾種語言的交流。

・語言的學習首重環境

0～6歲寶寶學習的語言，都將儲存在大腦的同一部位，而成人學習第二語言與母語是儲存在大腦的不同部位。如果能夠讓寶寶從0歲之前開始就接觸第二種語言，寶寶就會形成「雙語的耳朵」。

想讓自己的寶寶同時擁有兩種或兩種以上的語言，愈早接觸愈多的語音愈好。如果你不會說數國外語，仍然可以找幾個固定的外國朋友，在固定時間和場合分別與寶寶說話和交流，同樣可以刺激寶寶腦細胞中幾種不同語音鏈的鏈結，為寶寶今後學習更多的語言打下良好的基礎。

需要提醒家長的是，語言的學習重在環境，只有浸泡在環境中才能利於語言的接收、理解和表達，絕不是會說幾個單字、幾句話那麼簡單。

人之所以被稱為高等動物、萬物之靈，是由於人類擁有複雜的語言及思維模式。抓住寶寶語言的敏感期，瞭解寶寶語言發展的時程，根據寶寶自身的發展狀況制定寶寶專屬的、個性化的語言發展方案，相信在愛和自由的環境中，寶寶的語言能力一定能夠得到突飛猛進的發展。

嬰兒剛出生時，腦細胞會根據不同語音的刺激進行相關的鏈結。如果一種語音在寶寶的語言中很少出現，寶寶辨別這種語音的能力就會較弱。

遊戲 1

0～8月
適用

引導寶寶看媽媽的臉

遊戲目的

培養寶寶在語言活動時注視訓練者的臉，以便語言活動的開展和親子感情的建立。

遊戲玩法

- 為寶寶換尿布或洗澡時，可以引導寶寶看著媽媽的眼睛，並輕柔地對寶寶說：「寶寶乖，看著媽媽啊，媽媽愛你，媽媽在給你換尿布，好了，小屁屁乾淨嘍！」「寶寶洗澡真舒服。」也可以在寶寶喝奶時溫柔地說話給他聽。
- 媽媽可以通過搖響玩具、捏響玩具等吸引寶寶的注意力，讓寶寶望著媽媽的臉，接下來，媽媽可以對寶寶說些讚賞或鼓勵的話。
- 媽媽可以為寶寶唱首歌謠，讓寶寶舒服地躺在媽媽懷裡，看著媽媽的眼睛，媽媽一邊看著寶寶，一邊溫柔地唱給他聽。
- 定時和寶寶說說話，媽媽可以儘量使用誇張的語氣、表情、動作來吸引寶寶看媽媽的臉。

• 用手帕和寶寶玩個捉迷藏的遊戲：將手帕蓋在寶寶的小臉上，媽媽突然將手帕拉下來，並發出驚喜的聲音吸引寶寶。
• 更換不同的訓練者，讓寶寶感受到不同語音、音色、聲調等，有利於寶寶多元化的吸收。

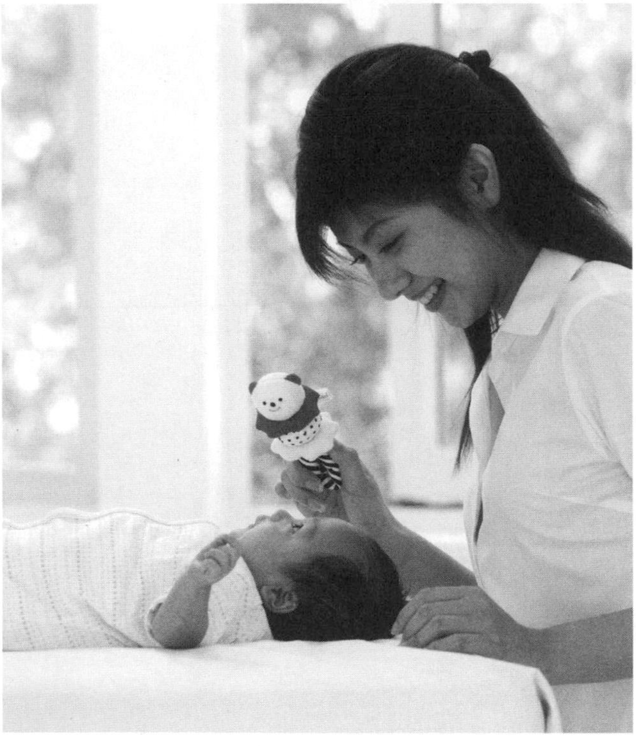

遊戲 2

0~8月
適用

媽媽也來咿咿呀呀

遊戲目的

通過發音強化發聲器官，利於寶寶今後語言的發展。

遊戲玩法

- 跟寶寶說話，引導寶寶咿咿呀呀發出聲音，並模仿寶寶的發音，以提高寶寶發音的興趣。
- 為寶寶唱首有趣的歌謠，並模仿歌謠中動物的叫聲、汽車的噗噗聲等逗笑寶寶。
- 通過扮鬼臉、抓癢等手段，使寶寶發聲或發笑。
- 給寶寶充分自由的時間，允許寶寶咿呀作語、咂舌、吐泡泡、咿咿呀呀，充分感受口腔運動的快樂。
- 用寶寶喜愛的玩具逗引他，觀察寶寶是否能用聲音表達他的需要。
- 媽媽也來咿呀作語，對寶寶說出不同的音調，鼓勵寶寶進行模仿。
- 與寶寶交流時，不妨也模仿寶寶的發音，讓寶寶感覺到這種發音是個好玩的遊戲，他也會樂於與你互動。

遊戲 3

0~8月適用

做事情時別忘了和寶寶說話

遊戲目的

發出與行為有關的聲音，加強語言與實物的關聯性，促進語言的發展。

遊戲玩法

- 無論在餵食、洗澡、按摩、換尿布時，媽媽都要配以相應的語言，並輕柔、準確、正確地說給寶寶聽。
- 告訴寶寶每種玩具可以發出的相應聲音，如：小汽車——噗噗噗、小火車——嗚嗚嗚、自行車——叮鈴鈴、小小鼓——咚咚咚、小搖鈴——叮叮叮……。
- 家中可準備一些動物掛圖，媽媽邊抱著寶寶欣賞，一邊緩慢、清晰地模仿各個動物的叫聲。
- 客人來了，帶著寶寶一邊招手一邊問好；客人走了，帶著寶寶一邊揮手一邊再見；奶奶給寶寶準備了新衣服時，帶著寶寶雙手合十，媽媽配合語言說「謝謝」等。

遊戲 4

0～8月適用

叫出寶寶的名字

遊戲目的

通過喚名遊戲加強對寶寶的語言刺激。

遊戲玩法

- 準備一首搖籃曲，媽媽慢慢地朗誦給寶寶聽，把歌詞中寶貝的字眼都換成寶寶的名字，注意觀察寶寶，他會在媽媽叫他名字時凝神去聽，寶寶在奇怪，自己怎麼會出現在兒歌裡？媽媽還可以換其他的兒歌，總是不定時地出現寶寶的名字，隨時觀察寶寶可愛的表情，雖然寶寶不是完全明白，但是他很願意媽媽這樣做。
- 寶寶會坐之後，讓寶寶自己坐著玩玩具，媽媽在一旁呼喚寶寶的名字，直到寶寶每次聽到呼喚後都能轉向媽媽，媽媽則以搖動玩具或擁抱寶寶來鼓勵他。
- 8個月之前的寶寶是可以用手勢或簡單的語音打招呼、道別的。所以，媽媽可以在寶寶醒來後，主動呼喚他，並和他打招呼。

遊戲 5

9～12月適用

做一本專屬寶寶的小書

遊戲目的

通過讀書、聽書、看書，給予寶寶良好的語言刺激。

遊戲玩法

- 媽媽可以把寶寶最喜歡的顏色、動物、食物、人物等圖片收集起來，透過護貝，製作一本屬於寶寶的小書。
- 媽媽每天抽出固定時間帶寶寶看書、聽書、讀書：「這是紅色，寶寶最喜歡的顏色；這是小狗，小狗汪汪叫；這是寶寶最喜歡的媽媽，看，媽媽在對著寶寶笑呢。」
- 每天變換不同的詞彙，為寶寶豐富字、詞、句。
- 隨時增加小書的內容，把更多的內容護貝好加進去，讓寶寶擁有專屬自己、提高語言及認知發展的第一本書。

遊戲 6

9~12月適用

用起床歌叫醒寶寶

遊戲目的

增強寶寶語言與動作及身體部位的關聯性，提高語言理解能力，鼓勵寶寶發音。

遊戲玩法

・每天叫寶寶起床時，媽媽可以一邊唸兒歌一邊撫摸寶寶起床。

太陽公公笑咪咪，我的寶寶快起床！
醒來吧，眼睛；
醒來吧，鼻子；
醒來吧，嘴巴；
醒來吧，胳膊；
醒來吧，腿。
寶寶睜開小眼睛，叫媽——媽，叫爸——爸。

• 唸兒歌時，可以隨意更換順序，叫到哪裡，就摸到哪裡，方便寶寶產生兩者之間的關聯性。
• 兒歌結束時，鼓勵寶寶模仿叫媽媽和爸爸。
• 唸兒歌的時候聲調要柔和，叫寶寶起床時，不要引起寶寶的反感。

遊戲7
9~12月適用

多玩觸摸遊戲

遊戲目的

加強語言刺激，豐富詞彙，理解簡單句子，同時發展寶寶的觸覺能力。

遊戲玩法

- 媽媽準備一個觸摸口袋，裡面裝好各類水果，比如蘋果、香蕉、葡萄、梨子；再放一些清洗乾淨的小玩具，如小汽車、手套、小書、橡皮球等。
- 媽媽一邊唸兒歌一邊帶寶寶做遊戲：「小口袋，東西多，寶寶快來摸一摸。」引導寶寶說出：「寶寶摸」；然後，讓寶寶把手伸到觸摸袋裡摸一件東西，拿出來，試著告訴媽媽物品的名稱。
- 鼓勵寶寶說出摸出的水果、玩具名稱，檢驗寶寶掌握詞彙的程度，同時媽媽也能為寶寶豐富更多的詞彙、雙詞語等。

遊戲 8

9~12月適用

認識動物世界

遊戲目的

培養寶寶看、聽、說的能力，提高語言與實物的相聯性，加強謂賓雙語句的練習。

遊戲玩法

- 準備絨毛動物玩具或動物的圖片，如小貓、小雞、小牛、小羊等。
- 再準備小動物愛吃的小魚及小蟲、小草等食品圖片。
- 媽媽隨意拿出一個小動物，說出小動物的名字，請寶寶模仿小動物的叫聲，也可以交換練習，媽媽模仿小動物的叫聲，請寶寶拿出相應的小動物並嘗試說出名稱。
- 媽媽問問寶寶知不知道小動物愛吃什麼，先請寶寶把小動物愛吃的食品圖片拿出來，再引導寶寶說出：「小貓吃魚」、「小牛吃草」等。讓寶寶瞭解地球是個大家園，我們和許多動物、植物生活在一起，在語言學習過程中，就可以將這些告訴他。

遊戲 9

17~24月
適用

聽兒歌，做動作

遊戲目的

引導寶寶說出簡單的複合句，理解選擇句，為寶寶創造語言和動作相聯繫的機會。

遊戲玩法

・媽媽隨意編些小兒歌，引導寶寶邊聽兒歌，邊根據兒歌做動作。

媽媽彎彎腰，寶寶彎彎腰；（彎腰）
媽媽拍拍手，寶寶拍拍手；（拍手）
媽媽跺跺腳，寶寶跺跺腳；（跺腳）
媽媽轉個圈，寶寶轉個圈；（轉圈）
媽媽握握手，寶寶握握手；（握手）
媽媽敬個禮，寶寶敬個禮。（敬禮）

• 引導寶寶說出：「媽媽彎腰，寶寶彎腰；媽媽拍手，寶寶拍手」等簡單複合句。

• 還可以讓寶寶理解選擇句，例如：「寶寶是想彎腰，還是要拍手？寶寶是想握手，還是敬禮？」讓寶寶逐一選擇、回答，並做出相應的動作。

遊戲10
17～24月適用

讓寶寶挑錯

遊戲目的

提高寶寶對語言的理解判斷及表現能力。

遊戲玩法

- 媽媽可以隨時和寶寶玩這個語言遊戲。媽媽假裝成一個小司機：「我是一個小司機，開著汽車真神氣，得兒——駕！」然後讓寶寶指出其中的錯誤，並發出正確的聲音：「小汽車，噗噗噗！」
- 還可以把車輛隨意更換：「我是一個小寶寶，騎著腳踏車真神氣，嘀——嘀！」讓寶寶指出其中的錯誤，並發出正確的聲音：「腳踏車，叮鈴鈴！」
- 另外，可以讓寶寶模仿救護車、警車、消防車、馬車等的聲音。

遊戲11
25~32月適用

和寶寶玩猜謎

遊戲目的

為寶寶創設語言活動的機會，提高寶寶的語言表達能力。

遊戲玩法

- 媽媽準備一張白紙，在白紙上摳一個洞，把臉藏在紙後，只在洞裡露出眼睛、鼻子或嘴，讓寶寶猜猜這是什麼，用語言表達出來。
- 等寶寶遊戲熟練以後，可以在洞內秀出其他寶寶熟悉的物品。讓寶寶從物品的一部分來推斷整體，並說出物品名稱。
- 媽媽可以根據寶寶的回答拓展句式，使寶寶的回答更完整，內容更豐富，如：「眼睛可以做什麼？」「飛機在哪兒飛？」「這輛小汽車是什麼顏色？」等。還可以讓寶寶判斷句子正確與否，如：「眼睛用來吃東西」「耳朵用來聞花香」「鼻子用來看前方」等，讓寶寶找出錯誤，豐富語言活動，激發寶寶語言活動的興趣。

遊戲12
25~32月適用

講錯故事，讓寶寶來糾正

遊戲目的

語言的交流與表達，辨別、思考與判斷，良好的語言刺激。

遊戲玩法

- 媽媽每天抽出一定的時間來為寶寶講故事，而且要有一段時間重複講一個故事，當寶寶已經記住基本的故事內容時，再來和寶寶玩一個講錯故事的遊戲吧。
- 像往常一樣為寶寶拿起他最愛的故事書，聲音平穩、抑揚頓挫吸引寶寶的注意力。
- 講過一段之後，媽媽開始不依照書上，而是自己改編故事，比如《狼來了》的故事，媽媽故意在小孩第一次撒謊時就讓大灰狼吃掉他。故事很快結束了，媽媽停頓下來，觀察寶寶的表情，看寶寶是否能夠找到錯誤，如果寶寶找到錯誤，媽媽再回到故事中，還可以在講解的過程中，再次出現錯誤，讓寶寶發現，引導他用清晰、連貫的語言表達，媽媽也可以引導寶寶複述其中簡單的故事情節。
- 寶寶如果能夠清楚地表達故事的內容，媽媽要及時讚美寶寶，增強寶寶學習語言的自信心。

遊戲13

33~38月適用

傳遞悄悄話

遊戲目的

培養寶寶良好的傾聽習慣和注意力，模仿並創造語句。

遊戲玩法

- 媽媽、爸爸和寶寶同時玩這個遊戲。
- 媽媽趴在寶寶的肩膀上，食指放在嘴唇上：「噓——，媽媽要悄悄告訴你一句話。」然後，用耳語悄悄告訴寶寶一句話，例如：「今天晚上，我們吃米飯和紅燒肉。」

- 讓寶寶悄悄把話傳給爸爸，爸爸大聲把寶寶傳來的話說出來。如果對了，媽媽要親吻寶寶，以示鼓勵；如果錯了，媽媽刮一下寶寶的鼻子，再說一遍。
- 讓寶寶自己創編語句，傳話給爸爸媽媽，交換角色反覆進行遊戲。

遊戲14

33～38月適用

自言自語的手指遊戲

遊戲目的

字、詞、句的連貫掌握，滿足寶寶自我言語階段的語言爆發，鍛鍊手指的靈活性。

遊戲玩法

• 讓寶寶找一個舒服的姿勢坐好，就可以一邊活動手指、一邊自言自語開始這個手指遊戲。

太陽公公升起來了，（雙手握拳，從胸前逐漸升到頭頂）
大胖子起床了，（大拇指伸開）
二哥哥起床了，（食指伸開）
高個子起床了。（中指伸開）
你起床了，（無名指伸開）

我起床了，（小拇指伸開）
大家都起床了。（雙手打開，左右搖擺）

太陽公公落下去了，（雙手打開，從頭頂逐漸降到胸前）
大胖子睡了，（大拇指彎下）
二哥哥睡了，（食指彎下）
高個子睡了，（中指彎下）
你睡了，（無名指彎下）
我睡了，（小拇指彎下）
大家都睡了。（雙手併攏，放在耳邊，閉眼，做睡覺狀）

- 寶寶一開始雙手同時進行有難度，可以先練習單手再過渡到雙手，無名指的練習對於寶寶有一定的難度，媽媽可以協助寶寶練習。

遊戲15

4~6歲適用

鼓勵寶寶邊說兒歌邊表演

遊戲目的

有韻律的兒歌可以發展寶寶的語音、傾聽、注意、記憶、思考及判斷能力。

遊戲玩法

・媽媽為寶寶唸一首兒歌，鼓勵寶寶模仿，帶寶寶邊說邊表演。

學老虎，學獅子，瞪著一對眼珠子，
砸砸這兒，踼踼那兒，啊嗚啊嗚怪樣子，
大家見了都搖頭，唉！這是誰家的小孩子？
學小兔，學貓咪，輕手輕腳笑嘻嘻，
對你笑，對我笑，文明禮貌有教養，
大家見了都誇獎，乖！這是誰家的好孩子！

・媽媽還可以準備一些手偶或絨毛玩具，邊說邊表演，提高寶寶的遊戲興趣。

・表演後，媽媽和寶寶討論：「哪個寶寶讓人喜歡，為什麼？」「哪個寶寶不招人喜歡，為什麼？」「寶寶平時有這些行為嗎？」「怎樣才能做個讓人喜愛的好孩子？」引導寶寶思考並連貫地回答問題。

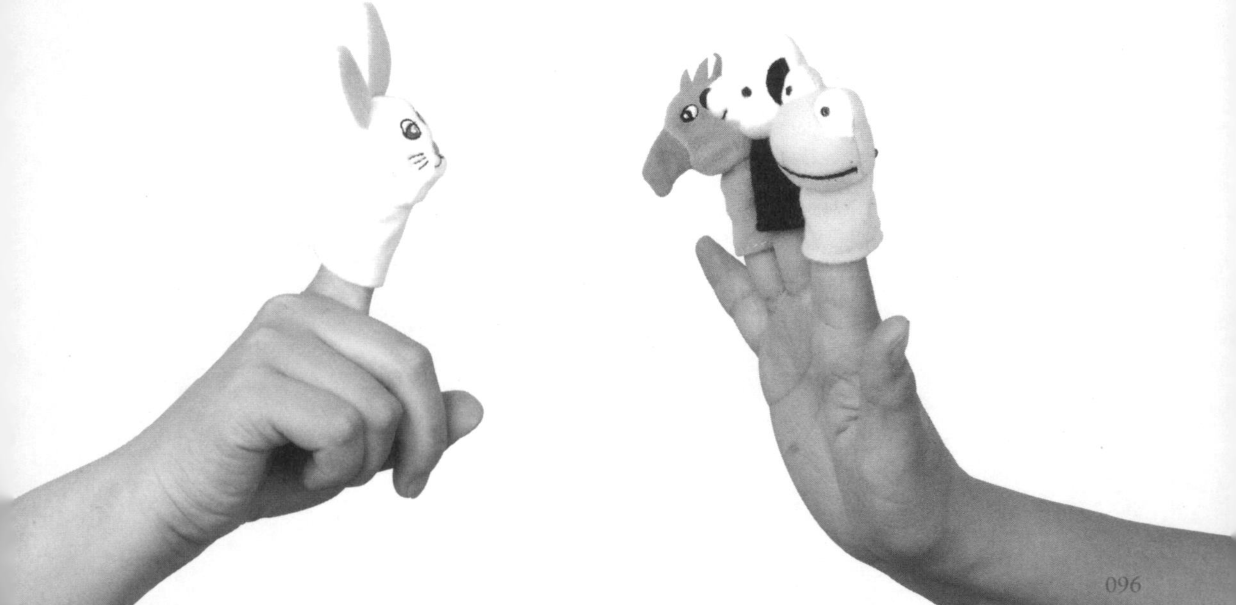

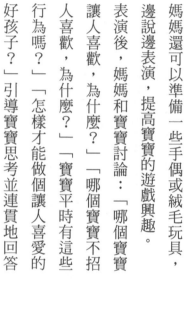

遊戲16

4～6歲適用

看圖講述

遊戲目的

語言的交流與表達，培養寶寶的想像力、觀察與判斷力，思考與解決問題的能力。

遊戲玩法

- 準備或畫一些圖片，幫助寶寶學會觀察圖片，試著引導寶寶說出一個簡單的故事。
- 比如：

第一張圖片上有兩個小寶寶在玩踢球，

第二張圖片上球滾到了樹洞裡，

第三張圖片上兩個小寶寶著急的樣子，

第四張圖片上一個寶寶拿著水桶往樹洞裡澆水，

第五張圖片上兩個小寶寶拿著球又蹦又跳高興的樣子。

‧媽媽逐漸引導寶寶說出故事，並鼓勵寶寶思考其他能夠把球從樹洞裡拿出來的辦法，啟發寶寶的思維，開發寶寶的智力，為寶寶提供語言和動腦的機會。
‧寶寶剛開始觀察圖片時，可能什麼也說不出來，媽媽不要著急，慢慢引導寶寶說出圖中的意思，並適時為寶寶豐富詞彙、擴展句式，積累語言經驗。

第3章 2~4歲

秩序敏感期

有的爸媽也許會覺得2歲的寶寶愈來愈「不聽話」。其實，這個時期的寶寶正在迎接重要的秩序敏感期。哪些行為徵兆代表寶寶的秩序敏感期到了？日常生活中，爸媽又該注重哪些細節，抓緊時期幫助寶寶培養良好的秩序？

本章先介紹寶寶秩序感的三大發展階段，帶你瞭解秩序敏感期寶寶內心的祕密，適時提供良好的教育引導，並配合四款親子互動遊戲，打造「循規蹈矩」的乖寶寶！

請注意！

當寶寶出現以下狀況，
代表他（她）已經進入秩序敏感期嘍！

敏感期徵兆：看到周遭環境改變就會焦躁不安、做事情總有一套自己的規矩，不容更改、很在意與大人的約定、同樣的行為一直重複……

秩序敏感期檢測表

2～4歲的寶寶正面臨了秩序敏感期。進入本章前，請爸媽先勾選這份檢測表，確認寶寶是否已進入秩序敏感期，並進一步瞭解自己對於寶寶的敏感期發展，是否做出確切的應對。（各題末頁碼標示，如 P.029 為本書相關主題的參閱頁碼）

1 寶寶看到物品沒放在原位就鬧彆扭，此時你的反應是？ P.104

- □告誡寶寶不可以隨便哭鬧，不能讓孩子從小就養成壞脾氣。
- □詢問寶寶哭泣原因，並將物品放回原位。
- □這個年紀的寶寶本來就容易鬧脾氣，不要太在意。

2 對於大人做出的承諾，寶寶總是表現得過度認真，你的反應是？ P.109

- □委婉告訴寶寶大人們很忙，不要一直去煩人家。
- □平時不輕易與寶寶約定，一旦對孩子做出承諾，就一定做到。
- □告訴寶寶之前的約定是開玩笑的，不用太認真。

寶寶出生後秩序發展的3大關鍵階段

年齡	階段名稱	秩序發展特徵	配合遊戲
0～2歲	秩序感萌芽期	剛出生不久的嬰兒，也有熱愛秩序的傾向。寶寶會因為秩序遭到破壞而煩躁、啼哭。只有恢復秩序才能讓寶寶安靜下來。	**17.** 親子按摩讓寶寶更有安全感 P.125
2歲	自我意識萌芽期	任何環境或秩序的改變或更動都會刺激寶寶的神經，寶寶開始表達自己的意見，並且勇敢對這些改變說：「不、不要、不行、不對！」	**18.** 玩過玩具後要歸位 P.127 **19.** 讓寶寶幫忙收拾家 P.128

3 寶寶做事總愛照自己的一套程序，大人不小心弄錯就大發脾氣，你的反應是？ P.108

- □溫言勸戒寶寶不要給人添麻煩，應該體諒別人跟自己不同的做事方式。
- □馬上糾正寶寶不可以隨意發脾氣，以免長大養成固執的壞脾氣。
- □讓寶寶按照他自己的規則重來一遍。

3歲～4歲
彆扭期
任何破壞秩序的行為都會要求從頭再來，表現出執拗、一意孤行的傾向。
20. 讓寶寶給「娃娃」洗澡 P.129

由外在的秩序感，瞭解自己與環境的關係

秩序感是兒童重要的敏感期之一，
成人如果隨意打破寶寶的秩序會讓寶寶感到痛苦和煩躁。
就連蒙特梭利也說過，兒童的心靈是一個祕密的深淵，
若還不能完全解開這些祕密，請先嘗試尊重、理解，給孩子充分的愛和自由。

寶寶對外在秩序的要求體現在對場所、順序、擁有物、習慣、約定這幾個方面，是寶寶在發自內心要求自己及要求別人的反覆實踐中，不斷加強和內化的。寶寶對秩序的內在敏感性是自然界賦予的天賦，寶寶一般都是在看到外面世界的秩序後，才瞭解到外面的環境，隨後才能明瞭自身與外面環境的關係。

Q 剛滿月的寶寶就知道「認生」？

誠誠和真真是一對龍鳳胎，滿月了，家人邀親朋好友同聚，滿月酒宴當天，在房間裡憋了一個月的媽媽早就把小姐弟倆打扮得人見人愛，可就在家人把誠誠和真真抱出門的那一刻，他（她）們睜著一雙略帶惶恐的大眼睛打量著周圍，突然大哭起來。

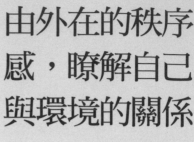

手忙腳亂的爸媽怎麼也沒辦法安撫住小姐弟倆，親戚朋友們使盡渾身的招數仍然消除不掉寶寶們眼中的驚恐，小姐弟倆此起彼伏的啼哭聲卻很響亮……唉，難道剛滿月的孩子就懂得認生了嗎？

蒙特梭利解讀

其實小姐弟倆的哭泣和認生沒有任何關係，哭泣的原因完全來自外在環境秩序的改變。小龍鳳胎在出生後的一個月內與媽媽安寧、平靜、有規律的生活，已經讓寶寶形成了一定的秩序感，當有一天秩序突然發生改變時，親人的逗引、擁抱、祝福……是不可能消除小姐弟倆眼中的恐懼，更不可能止住此起彼伏的啼哭聲。

最好的辦法就是趕快和媽媽回到熟悉的房間裡，當環境不熟悉，敏感的小嬰兒又無法表達自己的想法時，這種痛苦誰能體會得到呢？熱愛秩序的特性，哪怕是從這麼小的嬰兒身上也能體現出來。

寶寶一般都是在看到外面世界的秩序後，才瞭解到外面的環境，隨後才能明瞭自身與外面環境的關係。

Q

為什麼「媽媽的枕頭，爸爸不能睡」？

晴晴和爸爸媽媽一起睡在大床上，媽媽睡在中間，晴晴睡在左邊，爸爸睡在右邊。有一天，爸爸躺在媽媽的位置上，晴晴不願意了，一邊使勁推開爸爸，一邊叫道：「媽媽的枕頭，媽媽的枕頭，爸爸不能睡！」

媽媽心裡非常得意，哈哈，自己的辛苦沒有白費，女兒還是和自己親，連媽媽的枕頭都不願意讓爸爸碰啊！誰知，過了兩天，一家三口出去玩，媽媽隨意把爸爸的帽子戴在自己的頭上，晴晴又不依了，她一邊使勁把帽子摘下來，一邊煩躁地喊道：「爸爸的帽子，爸爸的，媽媽不能戴！」

望著女兒將揪下來的帽子送還給爸爸後露出的滿意表情，媽媽困惑了？嗯？這是怎麼回事？前幾天連我的枕頭都不讓爸爸碰，怎麼今天我剛隨意戴上爸爸的帽子，她就急了呢？這小丫頭到底和誰親啊？

蒙特梭利解讀

在生活中，你有沒有碰過這樣的情況呢？其實，這與寶寶和誰更親近一些沒有任何關係，從這個例子可以看到，寶寶對物品擁有者的秩序感是如此的敏感和執著。

從寶寶出生到2歲時秩序感是特別明顯的，他們會「固執地」把東西放在固定的位置，當他們看到某個東西離開原位的景象時，就會刺激寶寶採取行動。

秩序感是兒童重要的敏感期之一，生活中，成人如果隨意打破寶寶的秩序會讓寶寶感到痛苦和煩躁。我們也許不知道寶寶的心裡到底有多少祕密，就連蒙特梭利都說過，兒童的心靈是一個祕密的深淵，照料他的成人並不瞭解它。如果你還不能完全解開這些祕密，先嘗試尊重他、理解他，給孩子充分的愛和自由。

Q 為何再難受，也要將鞋擺正？

陽陽正在陽臺的椅子上聽媽媽講故事，突然感到尿急，她急急忙忙跑向廁所。經過客廳時，她突然看到家人的鞋子亂七八糟地擺在衣帽間的地上。陽陽脫口一句：「不對、不對啊！」正在客廳打掃屋子的奶奶追問：「陽陽怎麼了？哪裡不對啊？」

陽陽雖然很想上廁所，但是，她努力夾著大腿，蹲下來，迅速把地上的鞋子分別放到

從寶寶出生到2歲時秩序感是特別明顯的，他們會「固執地」把東西放在固定的位置，看到某個東西離開原位，就會刺激寶寶採取行動。

鞋架上。奶奶看到了，大聲說：「陽陽，你先去上廁所，一會兒奶奶來擺。」

陽陽像是沒有聽見一樣，儘管憋得小鼻頭都滲出了汗珠，依然堅持著將鞋擺好，並把鞋架上的帽子掛到掛鈎上，這才帶著滿意的微笑奔向廁所……

蒙特梭利解讀

看看陽陽對秩序的敏感性與要求是多麼執著和一絲不苟啊！寶寶對秩序的強烈渴望，體現在一件又一件有意思的事情上：如果成人將東西放錯了位置，寶寶會加以糾正，並把它放回指定的地方，就連成人注意不到的，非常細小的地方，秩序敏感期內的寶寶也會注意到。

沒有放正的拖鞋、沒有擺整齊的椅子、沒有掛好的衣服、隨意移動的傢俱……似乎都能刺激寶寶的神經，讓孩子感到不安。

寶寶需要一個有秩序的環境。

因為，**有秩序的環境才能讓寶寶認識到組成環境的各部分之間的關係，這樣才可以使寶寶更適應，行動更有目的性，讓他（她）在適應環境的同時，在環境中找到適合自己的生活方式。**

Q 為何寶寶只讓固定的人接送？

每天早上，老師都會到教室門口迎接上幼稚園的小朋友。雪兒平時總是在媽媽的陪同下來幼稚園。今天沒看到媽媽送雪兒上幼稚園，映入老師眼簾的是：雪兒噘著小嘴巴，大眼睛裡噙著淚水，嘴裡嘟嘟囔囔地說著：「我不要爺爺送，我要媽媽送，我要媽媽送雪兒上幼稚園！」跟在身後的爺爺鐵青著臉，氣呼呼地對老師說：「這個沒良心的小不點，她媽媽出差了，我們爺孫倆平時可親了，我騎三輪車送她上幼稚園，她非但不高興，一路上一直和我鬧彆扭，剛才還說不喜歡我送她上幼稚園，這孩子太讓人傷心了！」

這時，老師將雪兒秩序敏感期的特性講給了爺爺聽，才消了爺爺心中的氣……

蒙特梭利解讀

媽媽每天送雪兒上幼稚園，這樣不變的秩序已經深植雪兒的內心，成為雪兒最初的內

當環境出現破壞秩序的因素，寶寶會變得騷動不安及亂發脾氣。只要阻礙原因仍在，任何安撫行為都會遭到抗拒。

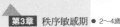

在邏輯，秩序成了習慣，習慣變成自然。媽媽的出差，使得秩序突然發生了改變，自然引起雪兒情緒的波動。當環境出現破壞秩序的因素，寶寶會變得騷動不安及亂發脾氣。只要阻礙原因仍在，任何安撫行為都會遭到抗拒，孩子甚至因此而生病。

寶寶秩序的敏感期會隨著寶寶年齡的增長而呈現螺旋式的上升階段。

第一階段：因為秩序遭到破壞而煩躁、啼哭，只有恢復秩序才能使寶寶安靜下來。

第二階段：為了維護秩序勇敢說：「不、不要、不行、不對！」這其實是自我意識的萌芽。

第三階段：為了秩序而鬧彆扭，任何破壞秩序的行為都要從頭再來。

Q 為什麼非得先穿上衣↓再穿襪子↓褲子↓最後綁頭髮？

妞妞最近有些不一樣。每次起床，無論有多麼重要的事情，她都要一絲不苟地先穿上衣、再穿襪子、最後穿褲子，下床後，讓媽媽綁頭髮。

一次，媽媽要帶妞妞出門，為了提高速度，媽媽在妞妞穿上衣的時候幫她套上了褲子，沒等妞妞提好褲子又給她套上了襪子，這下妞妞生氣了，邊哭邊揪下襪子，脫掉褲子，重新開始自己的穿衣程序：穿上衣—穿襪子—穿褲子—下床綁頭髮。

媽媽的催促就像耳邊風，妞妞依然按照自己的順序穿好了衣服。

蒙特梭利解讀

寶寶秩序敏感期發展到第三個階段時，往往是家長和成人最為苦惱的時期，因為寶寶這個時候的執拗是不可逆轉的，經常讓大人感到既生氣又可笑又無奈。不過，當你知道寶寶正處於秩序的敏感期時，尊重和理解就顯得格外重要，此時的家長不要和寶寶「鬥智鬥勇」，只須耐心做到：

＊尊重和理解，注意觀察和傾聽寶寶的要求。

＊回應和寬容，允許寶寶哭出來、發洩出來，把情緒和煩惱宣泄出來，等待寶寶趨向內在的平靜和平衡。

Q 寶寶為什麼追著別人要東西？

媽媽帶萱萱到阿姨家參加一個家庭聚會，阿姨家有個不到1歲的小寶寶，萱萱一進門就逗著小弟弟玩耍。阿姨見到萱萱這麼有耐心，就對萱萱說道：「萱萱真懂事，一會兒阿

對於秩序敏感期的寶寶表現的執拗，家長不要和寶寶「鬥智鬥勇」，只須耐心做到：尊重和理解，注意觀察和傾聽寶寶的要求。

姨請萱萱吃彩虹糖。」

晚上，媽媽帶著萱萱回到了自己家，見到萱萱悶悶不樂的樣子，媽媽打趣說：「是不是看弟弟累壞了？」

萱萱噘著小嘴說：「阿姨說請我吃彩虹糖！」

媽媽笑了，還說她是個小饞貓。

第二天在社區裡碰到阿姨，萱萱揚著小臉問道：「阿姨，你不是要請我吃彩虹糖嗎？」

萱萱媽媽趕快說：「不就是一包彩虹糖嗎，家裡的糖有的是，這孩子怎麼就追著人家要這包彩虹糖呢？」

蒙特梭利解讀

2歲左右的寶寶對別人承諾的事情特別認真，誰也不能「忘記」答應他的事，無論對方是成人還是孩子。

因此，不要輕易、草率地和處於秩序敏感期的寶寶隨意地約定事情。

相信很多大人有過這樣的尷尬，隨意的一個承諾，寶寶記得十分清楚，大人卻可能因為事務繁多早就把約定拋到一邊，處於秩序敏感期的寶寶卻將約定的承諾視為外部事件中秩序的一部分，因此不肯有任何讓步，於是成人與寶寶之間就會產生小小的衝突。為了避免這樣的不愉快發生，成人一定要記住：**對於處在秩序敏感期的寶寶不要輕易、草率地許諾，一旦許諾，必定說話算數，絕不食言。**

2歲左右的寶寶對別人承諾的事情特別認真，誰也不能「忘記」答應他的事，因此，不要輕易、草率地和處於秩序敏感期的寶寶隨意約定事情。

內在的秩序感讓寶寶更安全、快樂

秩序的敏感期後，寶寶形成了一種秩序的內在模式，一旦成人破壞了這種秩序，寶寶就會哭鬧、焦慮，表現得一意孤行。
兒童的秩序感來源於對環境的控制欲望，生活有序，寶寶感到安全；反之就會出現沒有安全感的表現。

內在秩序和外在秩序之間存在著一種關係，我們可能沒有太多的能力把握生命內在的秩序，但每一個成人都應該清楚知道，秩序敏感期到來的時候，我們要尊重兒童、理解兒童、保護兒童、協助兒童，盡可能地給予寶寶一個有序的外在環境，幫助寶寶建構內在的秩序。

Q 寶寶為什麼會對某件事情「樂此不疲」？

一天，媽媽發現晨晨在用兩個杯子練習倒水的工作。晨晨一隻手拿著一個杯子，先將左邊杯中的水倒進右邊的杯子裡，誰知，剛剛倒下去時，水就灑了一桌子，晨晨馬上取來抹布，將水擦乾淨，繼續練習倒水。

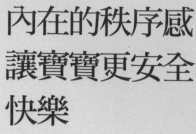

這次倒水和上次不同，晨晨小心地將水杯移到另一個杯口的中央，這才小心翼翼、緩慢地將水倒下去，結果，這次比上次灑出來的水少了很多。

晨晨好像在反覆總結和改變著倒水的位置，最後，兩個杯子來回倒水時，一滴水都不再灑出來。媽媽悄悄看了看時間，晨晨樂此不疲的倒水遊戲竟然持續了半小時。

蒙特梭利解讀

內部的秩序感是寶寶認識到自己身體的每一部分和它們之間相應的位置。

實驗心理學家對內部秩序進行了長期的研究。他們認為，人的內部存在一種感覺，能使人意識到自己身體的不同部分所在位置的肌肉感覺，這種肌肉感覺需要一種特殊的記憶，可以稱呼它為「肌肉記憶功能」。

從這個例子我們可以看到，寶寶會借助工作中的順序，建立自己身體肌肉的運動秩序。由此可見，內在的秩序感和肌肉感覺及記憶是相關聯的。

寶寶會借助工作中的順序，建立自己身體肌肉的運動秩序。內在的秩序感和肌肉感覺及記憶是相關聯的。

Q

寶寶為什麼突然不適應？

凱凱媽媽最近有了新的煩惱。

大兒子凱凱最近不知怎麼了，總是哭個不停，有時半夜哭醒後會拉著媽媽的手往房間外面走，這種糟糕的狀況已經持續大半個月了。

爸爸急壞了，帶著凱凱去看了醫生，排除了病理原因。奶奶說凱凱可能受了什麼驚嚇，每晚睡覺前總是撫摸著凱凱的頭頂幫他收驚，卻仍是收效甚微。一家人都不知道怎麼辦才好了。

後來經過教育專家的指點，才找到了原因。

原來，媽媽又給凱凱添了一個小弟弟強強，為了讓媽媽安心生產和坐月子，奶奶接走了凱凱。

為了迎接強強的到來，家中做了很大幅度的調整，換了不少傢俱，還給凱凱準備了一個汽車形狀的單人床。

誰知，凱凱一回家，簡直不認識自己熟悉的環境了，驚喜變成了驚嚇，總覺得這裡不是自己的家，於是，就出現了故事中開頭的情景。

蒙特梭利解讀

凱凱的困惑源自已經建立好的內在秩序的破壞，使凱凱覺得這裡不是自己的家，總想拉著媽媽往屋外走，去尋找他那個熟悉的、有序的家。

外在秩序的破壞會打破寶寶內在秩序的平衡，給寶寶帶來不安全感，思維的混亂、感覺的混亂、情緒的混亂、心理的混亂，使得寶寶不得不把精力轉移到對無秩序環境的抗爭。**如果讓寶寶長時間處於這種浪費生命的困惑與抗爭中，勢必使寶寶減少將注意力集中在自我成長及未知世界的探索。**

Q 寶寶為什麼會在旅行中生「怪病」？

安安一家三口出去旅行，這還是安安出生以後第一次出遠門呢。第一天安安在外面玩得非常興奮，沒有什麼異常的現象。誰知，到了晚上睡覺時，情況變得糟糕起來。平時，安安是睡在四周有圍欄的嬰兒床上，但飯店裡只有一張大床，安安必須和爸爸媽媽睡在一

外在秩序的破壞會打破寶寶內在秩序的一種平衡，給寶寶帶來不安全感，使得他不得不把精力轉移到對無秩序環境的抗爭。

起。煩惱就此開始了，安安一睡到床上就很煩躁，身體蜷縮，嚶嚶地哭著，媽媽把她抱在懷裡也無濟於事。

接連幾個晚上都是如此，安安像是得了什麼怪病，旅行團的醫生給安安做了身體檢查，看不出有什麼異樣，可是安安的症狀卻愈來愈厲害了。

一天晚上，爸爸隨意將兩個枕頭搭起來，看起來有些像安安嬰兒床的圍欄，誰知，安安看到了，停止了滾動，迅速爬到圍欄裡安心地睡了起來，一覺睡到天亮，以後每晚睡覺，爸爸都會在大床的一角給安安搭好圍欄，旅行中的怪病就這樣不藥而癒了。

蒙特梭利解讀

還在襁褓期，寶寶往往已經要求周圍的事物有固定的秩序，一旦這種秩序被打破，比如改變原來的睡覺地點和環境，寶寶會感到不安，甚至莫名地哭鬧。

睡在飯店的大床上，使安安失去了睡在帶有圍欄的嬰兒床上所感覺到的安全感。失去了這種安全感，使安安內部秩序的混亂和內心的痛苦產生了極大的衝突，這種衝突反映在看似疾病的表現上，這種疾病症狀似乎連醫生都束手無策。但說來簡單，障礙排除掉，壞脾氣就沒了，「疾病」也隨之消失。

這個例子恰恰說明了敏感期內精神的力量。

嬰兒離開母體來到這個世界，憑藉著對外在環境中的人、事、物的秩序要求，辨認出彼此的關係，並納入記憶中。這種通過外在秩序到內在秩序的轉變，意味著一個人能在自己的環境裡調適自我，並支配所有細節。

Q

寶寶為何變得很執拗？

依依最近脾氣愈來愈倔了，對於自己認定的事情總是一意孤行，誰勸也沒有用。一天，依依在吃QQ糖，一顆QQ糖不小心掉到地上，依依蹲下去將QQ糖撿起來，剛要放進嘴裡，被媽媽一把奪了下來：「髒了，不能吃了！」

依依很堅持，一定要吃掉在地上的QQ糖，見不能吃到嘴裡，竟然哇哇大哭起來。媽媽沒有辦法，只好把掉在地上的QQ糖沖洗一下，依依接過來放進嘴裡，這才止住了哭泣，繼續吃了起來。

媽媽很著急，這麼做會不會把依依慣壞，讓她養成一意孤行的壞毛病呢？

還在襁褓期，寶寶往往已經要求周圍的事物有固定的秩序，一旦這種秩序被打破，寶寶會感到不安，甚至莫名地哭鬧。

蒙特梭利解讀

秩序的敏感期後，寶寶形成了一種秩序的內在模式，一旦成人破壞了這種秩序，寶寶就會哭鬧、焦慮、煩躁，同時表現得一意孤行、不可違逆。其實，幼兒敏感期中的執拗是構建秩序感時具備的一種特質，這時期的寶寶表現出來的就是難以變通，甚至到了不可理喻的地步。兒童的秩序感源於對環境的控制欲望，這種控制欲望的根源在於對未知的恐懼。生活有序，寶寶感到安全；反之就會出現沒有安全感的表現。

寶寶的心理活動一定是有秩序的，當寶寶尚未超越這種秩序，在嚴格執行的過程中就會產生執拗的現象。執拗，恰恰是寶寶的一種自我成長。只有當寶寶的自我逐漸形成時，才能將這種秩序提升到意識層面，也才會變得執拗和不妥協。

寶寶的執拗期過後，隨之而來的就是追求完美的敏感期，他們做事要求完美，不願意出現一點錯誤；接著又上升到對規則的要求、對審美的要求等，正是在這有序的生命成長中，寶寶構建著自己最基本的品格和素質。

怎樣和處在秩序敏感期的寶寶相處

秩序感是生命的一種需要，
在秩序感敏感期內給予寶寶適當的引導和培養，
會使寶寶的人生一開始就擁有快樂，
這份快樂會伴隨寶寶的一生，並成為他今後成長的助力。

蒙特梭利認為：如果成人未能提供一個有序的環境，孩子便「沒有一個基礎以建立起對各種關係的知覺」。當孩子從環境中逐步建立起內在秩序時，智慧也因而逐步建構。

秩序感是寶寶安全感的來源之一，是寶寶對於事物做出準確分辨與判斷的基礎，也是建立道德意識的奠基石。

如果爸媽不瞭解寶寶秩序感敏感期的特殊心理和行為，誤以為寶寶「小氣」、「慣壞了」、「存心找碴」，因此加以批評、斥責甚至鎮壓寶寶的情緒反應，不但會阻撓寶寶對標準和完美的追求，扼殺他們的自律感萌芽，更可能導致寶寶將來在遵守規則和發展道德感方面，出現各種障礙與問題。

秩序感是生命的一種需要，在秩序感敏感期內給予寶寶適當的引導和培養，會使寶寶的人生一開始就擁有快樂，這份快樂會伴隨寶寶的一生，並成為他今後成長的助力。

關鍵1

嬰兒期儲備良好的秩序感

嬰兒作為一個有序的生命體降臨於這個世界，對外在的秩序有著極大的要求。但小嬰兒從相對簡單的子宮來到這個紛繁複雜的大千世界，不但對環境一無所知，稚嫩的身體又未發育完成，躺在嬰兒床裡的他們渴望擁有一套簡單而有條理的有序生活，有助於幫助嬰兒認識新環境、瞭解新環境，直至分辨和掌握新環境。

・月子期間就應建立的外在秩序環境

陌生人不得隨便出入嬰兒房　這便於小嬰兒在脫離母體後，進行環境的轉換，與熟悉的照顧者建立良好的人際關係。

母親必須坐滿一個月的月子　胎兒在母體內已從母親聲音的節奏、音調以及不斷重複中得到安慰，並熟悉和瞭解母親的生活節奏，出生後，母親固定、悉心的照顧更加讓嬰兒產生安全感，並利於形成良好的親子依戀，這一個月的圓滿生活經驗，正是寶寶一輩子良好社會關係的基礎，有利於嬰兒良好秩序的建立。因此，除非有不可抗拒的因素，否則把新生兒和母親分開照顧是不科學、不人道、不合乎人性的發展和需求的。

不可任意搬動房間的傢俱及擺設 熟悉的環境有利於嬰兒建立信賴感和心理需求，有助於嬰兒熟悉環境和認識環境，從而掌握新環境。嬰兒期房間家居擺設的不斷挪動、更新，不但不利於寶寶對外在環境秩序感的建立，而且容易對寶寶的健康產生影響。

為嬰兒設定固定的活動區域 從一出生，就嘗試讓嬰兒在固定的地方餵奶、睡覺、換尿布、玩遊戲、做活動，便於嬰兒能夠找到規律，建立起內在的秩序，以適應新環境和新生活，只有當嬰兒熟悉新環境和新生活，才能開始對新環境和新生活的掌握和探索。

關鍵 2

幼兒期滿足秩序敏感期的爆發需求

幼兒期的寶寶有著強烈的安全需要，他需要一個有秩序的環境來幫助他認識事物、熟悉環境。秩序感隨著寶寶的逐漸長大，在心理體驗上會深化為安全感、歸屬感。

美國社會心理學研究顯示，3～4歲的寶寶如果有良好的生活秩序習慣，當他們6歲

從一出生，就嘗試讓嬰兒在固定的地方餵奶、睡覺、換尿片、玩遊戲、做活動，便於嬰兒能夠找到規律，建立內在的秩序，適應新環境和新生活。

之後，在人際交往中會表現出自在與和諧。**2～4歲是寶寶個體秩序感發展的敏感期**。父母要順應寶寶與生俱來的秩序感，滿足寶寶敏感期的爆發需求，培養他有秩序、合理的生活習慣，使他在自己喜歡的環境中愉快、有序地生活。

在寶寶的成長過程中，從點點滴滴的生活細節入手，注意採用適當的方式培養寶寶良好的秩序行為。還要為寶寶營造一種寧靜、舒適、充滿情趣又井然有序的家庭環境，更要注意以自身的秩序行為影響寶寶，時時處處注意教育引導、提醒，幫助寶寶建立良好的秩序行為。

・幼兒期秩序感培養的原則

通過井然有序的生活環境培養寶寶的秩序感　為寶寶創造井然有序的生活環境，是培養秩序感的前提。井然有序的生活環境包括：

一、**規律的作息**。日常生活中，父母要為寶寶安排一個科學合理且相對固定的作息時間表，並督促他們遵照執行，這樣不僅有利於寶寶的健康成長，還能為他們時間觀念的形成和秩序習慣的培養奠定良好的基礎。

二、**整潔有序的家庭環境**。家中的各種物品要擺放整齊，使用完畢後須物歸原處。此外，**3歲前的寶寶屬於潛意識吸收性心智的時期，一旦寶寶習慣了有秩序的外在環境，自然會喜歡並養成物歸原處的習慣**。平時鼓勵寶寶自己動手收拾玩具、圖書，即使寶寶表現得「笨手笨腳」、愈幫愈忙，也不要斥責他，而是要耐心指導、不斷表揚。

三、和睦的家庭氛圍。只有家庭成員之間和睦關愛、長幼有序，才能促使寶寶形成一種追求文明、秩序的美好心態。只有在規律的作息、整潔的環境與和睦的家庭中才可以滿足寶寶秩序敏感期的爆發性需求。

通過生活細節及集體活動培養寶寶的秩序感　父母還須注重日常生活中的細節，從小事入手培養寶寶的秩序感。例如，進門換鞋，並將鞋子擺放整齊；洗手擦乾後，毛巾要歸於原處；廚房的碗筷都要按照從大到小的順序整齊放好。通過這些不起眼的小細節，培養寶寶的生活秩序。

另外，父母還要經常帶寶寶參加集體活動，讓寶寶在與他人相處的過程中形成規則意識，如：在遊樂場玩滑梯時，媽媽要告訴寶寶應該自覺排隊，有先有後，不推不擠。**生活中一些不起眼的小細節往往可以滿足寶寶內心湧動的、無法抑制的秩序敏感期的爆發需求。**

3歲前的寶寶屬於潛意識吸收性心智的時期，一旦寶寶習慣了有秩序的外在環境，自然會喜歡並養成物歸原處的習慣。

通過公共場所的規則培養寶寶的秩序感　每個公共場所都有它相應的規章制度，要求大家自覺遵守，如過馬路，要遵守交通規則；乘坐公車，要排隊上車、先下後上、文明禮讓；遊覽公園，不能攀折花木、踐踏草坪；觀看電影，不可大聲喧譁、亂扔垃圾等。

每到一處，父母在以身作則的同時，還要向寶寶講解相關的規定，讓他們懂得社會生活中存在著種種的秩序規則，遵守是光榮的，而違反則是不道德的，在必須遵守的規章制度裡滿足寶寶的秩序敏感期爆發需求，正是造就寶寶基本品格和素質的良好手段。

遊戲 17

嬰兒期適用

親子按摩讓寶寶更有安全感

遊戲目的

寶寶感受有序按摩的同時，增強觸覺的刺激，利於親子感情及秩序感的建立。心理學研究發現，有過嬰兒期撫觸經歷的人成長過程較少出現攻擊性行為，喜愛助人、合群。

遊戲玩法

- 在寶寶每天洗完澡的時候，媽媽可以為寶寶進行全身按摩。
- 媽媽先在手上塗一些乳液，把手弄得柔滑一些，然後對寶寶的全身進行按摩。
- 按摩的順序是：臉部——脖子——肩膀——手臂——雙手——胸脯——肚子——背部——屁股——腿——雙腳。

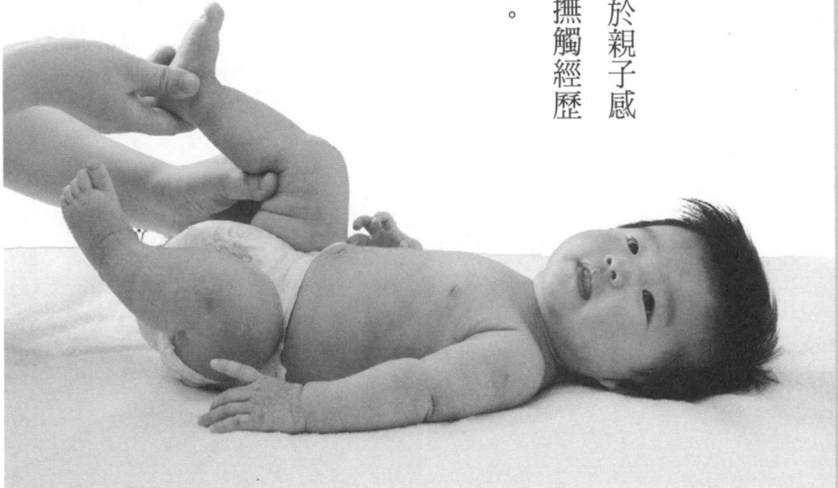

• 可以把手打滑，再為寶寶按摩一次，按摩的時候，可以放一段柔美的音樂，媽媽邊按摩，邊和寶寶說一些溫柔的話，他會非常願意傾聽媽媽的講話，寶寶會十分舒服地享受媽媽的按摩，在舒展、放鬆肌肉的同時，建立良好的秩序感並增進母子的感情。

遊戲18
嬰兒期適用

玩過玩具後要歸位

遊戲目的

使寶寶知道玩具玩完後要歸位，培養寶寶良好的秩序感。

遊戲玩法

- 家人為寶寶設定一塊活動區域，再準備一個教具架，把寶寶的各種玩具分門別類地放好，皮球放在一個筐裡，大型拼插玩具放在一個筐裡，撕不壞的書放在一個筐裡，諸如此類。
- 家人每次給寶寶講完故事，都刻意地讓寶寶送書回自己的家（專用玩具箱）。
- 每次帶寶寶玩皮球之後，都在家長的協助下送皮球回家。
- 寶寶雖然年齡小，但每次玩完玩具後，家長都要以遊戲的口吻提示寶寶送玩具回家，利於寶寶建立良好的秩序感。

遊戲19

幼兒期適用

讓寶寶幫忙收拾家

遊戲目的

通過收納、整理幫助寶寶形成良好的秩序感，同時學會分類，為數學學習做準備。

遊戲玩法

- 媽媽故意把家裡弄得亂七八糟，以求救的口吻對寶寶說：「家裡實在是太亂了，我們都受不了了，寶寶來做媽媽的小幫手，我們一起來收拾屋子吧。」
- 在媽媽的協助下，寶寶要將散落的拖鞋配好對，放回鞋架上。
- 將歪歪斜斜的椅子整齊放在桌子旁。
- 將雜亂無章的玩具放回各個玩具筐裡。收拾完客廳，媽媽可以帶寶寶去廚房，這裡可以事先準備一些簡單而不危險的物品讓寶寶繼續整理。
- 將鍋蓋分別蓋在相應的鍋上，將調料瓶分別放到相應的位置，垃圾扔進垃圾桶。
- 寶寶收拾整理的時候，媽媽刻意放慢動作，觀察寶寶是否知道東西的正確位置，可以故作不懂地問問寶寶，提高寶寶整理、收納的興趣。
- 遊戲時要特別注意安全，待寶寶整理乾淨後，親吻和擁抱他，以示鼓勵和讚賞。

遊戲20

幼兒期適用

讓寶寶給「娃娃」洗澡

遊戲目的

以自然的方式，強化寶寶秩序感的培養，滿足寶寶秩序敏感期的爆發需求，同時利於生活自理能力的提高。

遊戲玩法

- 每天帶寶寶洗澡時，重複、按順序進行以下的程序：給浴盆加水——用手感知和調試水溫——脫下衣服——小心進入浴盆——先洗臉——再洗頭髮——最後將身體洗乾淨——站起身來用蓮蓬頭的清水再將身體沖一遍——擦乾頭髮和身體——穿上衣服。
- 為寶寶準備一個仿真娃娃，請寶寶扮演娃娃的媽媽或爸爸。
- 請寶寶按照程序為仿真娃娃洗澡，媽媽在一旁觀察和協助。
- 此遊戲的目的是強化寶寶的秩序感，培養寶寶能有序地做事情，並把這種能滿足寶寶秩序敏感期爆發需求的小遊戲延伸到孩子的日常生活中。

第4章 0~6歲

感官敏感期

對寶寶而言，視覺、聽覺、味覺、嗅覺、觸覺五大感覺系統，不僅是自然生理發展的一部分，更是認識這個世界的通道，乃至所有學習的基礎。該如何知道寶寶的感官發展正常呢？有哪些警訊是爸媽應該留心的呢？該怎麼做才能幫助寶寶促進感官發展？

本章先帶你瞭解寶寶五大感覺系統的發展，爸媽在評估自家寶寶成長進度的同時，也能活用十一款親子互動遊戲，打造「感官靈敏」的寶寶，為孩子今後的學習打下良好基礎。

請注意！

當寶寶出現以下狀況，
代表他（她）已經進入感官敏感期嘍！

敏感期徵兆：被顏色鮮豔的物品吸引、聽得見細小的聲音、挑食、喜歡吃手或咬玩具……

感官敏感期檢測表

0～6歲的寶寶正面臨了感官敏感期。進入本章前，請爸媽先勾選這份檢測表。這份檢測表可以幫助爸媽確認寶寶的感官發展，同時，家長也能經由這份表格，進一步瞭解自己對於寶寶的敏感期發展，是否做出確切的應對。（各題末頁碼標示，如P.029為本書相關主題的參閱頁碼）

1 家中有新生嬰兒，你認為是否應該管制周遭環境的聲響？ P.143

□寶寶怕吵，家長應該提供安靜的環境，以免嚇到他。
□不須控管周遭聲響，可以讓寶寶多接觸一些聲響。
□剛出生的寶寶耳朵尚未發育成熟，非常脆弱，家人應該輕聲細語。

2 3～6個月大的寶寶很喜歡吃手或咬玩具，你的反應是？ P.156

□吃手或咬玩具容易吃進病菌，當寶寶出現這樣行為就要嚴格禁止。
□在寶寶的手上或玩具上塗有苦味的黃連，寶寶自然就不會咬。
□耐住性子允許寶寶吃手或咬玩具。

寶寶出生後 5 大感官發展警訊

重點觀察時期	敏感期名稱	發展警訊	配合遊戲
3個月、4個月、6個月、1歲	視覺敏感期	警訊：眼睛斜視、瞳孔有白點、常揉眼、抱怨頭疼、容易被小東西絆倒	**21.** 鍛鍊寶寶的眼睛 P.162 **22.** 追影子、踩影子 P.164
3個月、6個月、1歲	聽覺敏感期	警訊：不會咿呀作語、易怒、經常拉耳朵、無法理解簡單的口頭要求	**23.** 寶寶聽聲音 P.165 **24.** 聽聲辨人 P.167

3 1歲的寶寶常被東西絆倒，不敢邁樓梯，動作也比同齡孩子緩慢，你的反應是？ P.140

□將環境中容易絆住寶寶的物品搬移，給寶寶打造暢行無阻的空間。

□寶寶動作發展緩慢是因為缺乏訓練，多鼓勵寶寶嘗試各種運動訓練。

□先帶寶寶去檢查視力發展是否正常。

4 1歲寶寶還不能理解簡單的口頭要求，此時你的反應是？ P.147

□聽不懂口頭要求，應該是寶寶理解力較弱，應該多花心思在智能發展上。

□每個寶寶都有自己的發展進度，不用太過擔心。

□先帶寶寶去醫院檢查聽力是否正常。

5 寶寶出現挑食的情況，你的反應是？ P.148

□告訴寶寶不可以浪費食物，要求他把食物吃下去。

□鼓勵寶寶多嘗試各種食物與味道。

□寶寶不喜歡吃就不要勉強，以免孩子討厭吃東西。

6 寶寶吃東西前都要先聞一下再吃，味道不喜歡就不吃，你的反應是？ P.150

□寶寶不吃就算了，不用太在意。

□告訴寶寶這樣不好看，要戒掉先聞再吃的壞習慣。

□多拿一些其他的食品讓寶寶聞聞看。

1個月、4個月、7個月、1歲	3個月、6個月
嗅覺&味覺敏感期	**觸覺敏感期**
徵兆：偏食、嗅覺靈敏、喜歡聞東西	警訊：對觸覺刺激的反應遲鈍或過度強烈
25. 寶寶聞一聞 P.169 **26.** 嘗味道 P.171 **27.** 靈敏的小鼻子 P.173 **28.** 好喝的八寶粥 P.174	**29.** 親子肌膚接觸 P.175 **30.** 小蟲歌 P.177 **31.** 認識草莓 P.178

視覺，最先發育的感官

人的一生，80%的學習是通過視覺系統來完成的。寶寶的腦部如何處理他所看到的東西，會直接影響到寶寶如何學習語言、運動、認知及社會交往能力。抓住視覺敏感期加以培養訓練，為孩子今後各項能力發展打下良好基礎。

Q 寶寶的眼睛為何對光沒有反應？

虎虎的出生給家人帶來了無比的歡樂。虎虎很乖巧，除了總是用手揉眼睛，反應不是特別機敏之外，基本上是一個很好餵養的寶寶。一天，當淘氣的小表哥突然用手電筒照向虎虎時，媽媽被強光刺激得用手擋住了眼睛，再看懷中的虎虎，他好像什麼反應也沒有……

媽媽這才發現了異常，趕快帶虎虎去醫院做檢查，結果診斷為先天性白內障。此時的虎虎早已錯過了最佳治療期，當醫生宣布虎虎即便做了白內障摘除手術仍無法恢復視力時，媽媽都要崩潰了。

原來，虎虎的揉眼睛、對光的刺激不靈敏、瞳孔發白都是在向媽媽發出暗示，但由於缺乏經驗，虎虎全家留下了無法彌補的遺憾。

蒙特梭利解讀

感官的五感中，最先發育的就是視覺。寶寶在胚胎時期，眼睛的結構、視神經以及負責視覺相關的中樞神經系統已經鋪設就位，但是需要在出生後給予必要的視覺刺激，才能形成神經系統的回路。視覺皮質的腦神經網路聯繫，在寶寶出生3個月時達到最高峰，**視覺能力發展的關鍵過程就發生在1歲之前的嬰兒期。**

3個月大時，大多數寶寶的視覺可以「跟隨」運動的物體，也能將視線固定在某物體上，色彩繽紛、運動的物體都能吸引寶寶，而這些都可以促進視覺的發展。

4個月時，開始建立立體視覺，視網膜已有很好的發育。寶寶能由近看遠，再由遠看近，物體的細微部位也能看清楚；對於距離的判斷也開始發展。6個月大的寶寶眼睛已有成年人的三分之二大，看物體是雙眼同時看，從而獲得正常的「兩眼視覺」，而距離及

寶寶在胚胎時期，眼睛的結構、視神經以及中樞神經系統已經鋪設就位，但需要出生後給予必要的視覺刺激，才能形成神經系統的回路。

深度的判斷力也繼續發展。

1歲時寶寶的視力進一步全面發展，眼、手及身體的協調更自然，此時視力為0.1～0.3。先天性白內障，使虎虎在視覺發育的關鍵期內由於視網膜得不到正常的刺激，儘管視覺系統的結構從生理角度完全正常，但虎虎仍然會失明。

雙眼患先天性白內障的寶寶應儘快手術，一般在生後1～2個月，最遲不能超過6個月。另一隻眼應在第一隻眼手術後一週內再行手術。防止手術後單眼遮蓋而發生視覺剝奪性弱視。虎虎的遭遇並非偶然，**科學家所做的相關實驗證明了視覺敏感期中生命的器官正嚴格執行著「用則進、廢則退」的原則。**

Q 寶寶對視覺的靈敏度為何那麼強？

青青老師拿著一盒色板往教室走，一不小心，色板盒從手中滑脫。青青老師差點兒沒哭出來，因為色板盒中有近百塊色板，要把它們一一歸位不是一件容易的事情，這簡直是一件短時間內無法完成的任務。

正在此時，聽見聲響的幾個孩子跑過來，他們看到地上散落的色板，一邊說笑著，一邊迅速地將各種顏色歸位，甚

至每種顏色之間由深漸淺的層次都輕易地被孩子們準確放好，不得不讓人讚歎視覺敏感期的寶寶無人能敵的視覺靈敏度與感受力。

蒙特梭利解讀

人的一生，80％的學習是通過視覺系統來完成的。寶寶腦部如何處理所看到的東西，會直接影響到寶寶如何學習語言、運動、認知及社會交往能力。抓住寶寶視覺敏感期加以培養訓練，為寶寶今後視覺及各項能力的發展打下良好的基礎。

寶寶看得愈清楚，對周圍的事物愈留意，就能更多、更準確地接受外界的資訊和刺激，這是幫助學習和大腦發育的重要基礎。

大腦的發育與視覺的發育是密不可分的，資訊攝取的83％來自於視覺系統。良好營養的提供會對嬰兒的視力乃至智力發育產生影響，而DHA則是其中最為重要的營養，它是眼球的重要組成部分，這種人體無法製造的必需脂肪酸，在視網膜中占40％～50％。在人生的頭一年裡，補充充足的DHA，對於寶寶視覺靈敏度（指辨別物體或物像細微差別的能

良好營養的提供會對嬰兒的視力乃至智力發育產生影響，在人生頭一年補充充足的DHA，對於寶寶視覺靈敏度的提高尤為重要。

力）的提高尤為重要。

錯過視覺發育關鍵期有什麼後果？

科學家為了驗證視覺敏感期曾做過這樣的一個實驗。他們把一隻成年的貓咪和一隻新生小貓咪的眼皮同時縫上。

兩週後將線拆開，結果發現：成年貓的視力不一會兒就恢復如常，新生的小貓咪雖然眼睛的生理構造一切正常，但卻永遠失明了。

科學家又用小貓咪做了這樣一個實驗：他們將出生1天、2天、3天一直到10天的小貓咪的眼睛縫合，過幾天再打開，結果發現只有出生4～5天眼睛被縫合的小貓咪失明了。實驗說明小貓咪視覺發育的關鍵期是出生後的4～5天。

蒙特梭利解讀

實驗證明，在視覺敏感期之內如果受到干擾和阻礙，則不能正常地使用相關的功能。小貓咪之所以會失明，是因為小貓腦內眼睛的結構、視神經以及負責視覺相關的中樞神經系統，因為得不到刺激，無法形成神經系統回路而造成的，前面提到的虎虎的悲劇也是同樣的道理。

・孕早期視神經的發育

在孕早期，胎兒連接眼睛和腦部的視神經發育就已形成，到胎兒15週的時候就可以從超音波掃描圖上看到胎兒的眼睛，胎兒會眨眼。胎兒在媽媽肚子裡，大約5個月左右就可以感受到光，孕晚期還能對透過母體子宮射進的亮光做出反應。

・寶寶出生後的視覺發展進程

新生兒時期，寶寶的視網膜還沒有發育完全，僅有有限的視力靈敏度，不能看到清晰的物體，僅僅能夠短暫地把注意力集中在物體上面。

寶寶出生後一個月之內，距離二十到四十釐米遠的物體看得最清楚，更近的物體反而變得模糊，更遠的物體根本就看不見。懸掛在嬰兒床上方的玩具應有適宜的距離。

對於1個月的寶寶來說，應該把掛物放置於距離其眼睛大於十五釐米且小於六十釐米的地方，最好是在四十釐米左右。隨著寶寶年齡的增長，掛的高度要不斷改變。

寶寶出生後一個月之內，距離二十到四十釐米遠的物體看得最清楚，懸掛在嬰兒床上方的玩具應有適宜的距離。

寶寶的視覺發展進程表

月齡	視覺發育情況
2個月	能夠跟蹤移動的人，喜歡看移動的物體
3個月	能夠拍打物品，能夠看到自己的手和手中拿著的物體，能夠認出養育者
4～5個月	能產生三維立體的圖像——深度感覺或立體視覺，能夠分辨顏色，定位任何距離的物體
6個月	能看到三到四米遠的物體
7個月	能夠手隨目行
8個月	能在成人的幫助下玩拍手遊戲
9個月	能夠區分辨別不同的面孔
10個月	僅僅用眼睛就能連貫地跟隨移動的物體
1歲	能夠意識到周邊物體的存在，視覺靈敏度愈來愈強

關鍵

如何促進寶寶視覺發育

‧瞭解視覺發展紅燈

新生兒或小嬰兒的視覺異常，除明顯畸形外，一般較難發現，就好像案例中提到的虎虎，等到半年以後，隨著症狀明顯，家長才有所察覺，往往錯過了寶寶最佳的治療時期。視覺發展的機會之窗開啟得很早，一旦關閉將造成寶寶一生無法彌補的缺憾。因此，發現寶寶視覺發展的紅燈，對於寶寶視覺系統的健康發展尤為重要。

• 寶寶視覺發展的警訊

* 眼睛斜視，看東西時喜歡眯著眼或閉上一隻眼睛、歪頭、靠物體很近才能看清楚。
* 黑眼珠比常人大，且水汪汪，瞳孔發白或有白點。
* 經常揉眼睛或經常抱怨頭疼。
* 一隻眼睛總是閉著。
* 視線不能越過中線，3個月大時，視線仍不能追隨人或物體。
* 大運動或玩玩具的舉止行為比同齡寶寶動作緩慢、準確度低，顯得有些笨手笨腳。
* 腳下常常被小東西絆倒，傍晚看東西不清楚，不敢邁樓梯，容易摔跤。

視覺發展的機會之窗開啟得很早，一旦關閉將造成寶寶一生無法彌補的缺憾。發現寶寶視覺發展的紅燈，對於視覺系統的健康發展尤為重要。

聽覺，耳聰才能目明

人的一生，15%的學習是通過聽覺系統來完成的。寶寶的腦部對所聽到的東西進行怎樣的處理和分配，會直接影響到寶寶學習語言、運動、認知及社會交往的能力。抓住聽覺敏感期加以訓練，為寶寶今後聽覺及各項能力的發展打好基礎。

Q

新生兒有聽覺嗎？

科學家做過這樣的實驗：在新生兒覺醒狀態，頭向前方，用一個小塑膠盒，內裝少量玉米粒或黃豆，在距小嬰兒右耳旁十到十五釐米處輕輕搖動，發出很柔和的「格格」聲，小嬰兒會變得警覺起來，先轉動眼，接著轉動頭向聲音發出的方向，有時他還要用眼睛尋找小方盒，好像在想，是這小玩具在發出好聽的聲音嗎？

如果你將小嬰兒的頭恢復到正前方，在小嬰兒左耳旁輕搖方盒，他的頭和眼睛又會轉向左方。像這樣可以連續多次準確地轉頭向聲源。好像小嬰兒的頭是自動天線，能自動地移動到最好的接收聲音方向。

如果聲音過強，小嬰兒會表示厭煩，頭不但不轉向聲源，而且轉向相反方向，甚至用哭來表示拒絕這種雜訊干擾。

蒙特梭利解讀

這個實驗說明，新生兒從一出生即有聲音的定向能力。他不但聽，而且看聲源物，說明眼睛和耳朵兩種感受器內部由神經系統連接起來了，這種連接使新生兒能盡可能完整地感受外來的刺激，更好地適應環境。抓住寶寶聽力系統發展的敏感期，給予良好的刺激，勢必會促進寶寶聽覺能力的發展和提高。

Q 寶寶為何容易被周遭聲響嚇到？

貝貝出生後，一家人的作息都隨著貝貝做了很大的調整。奶奶不再隨意大聲演唱京劇，爺爺的大嗓門也不見了，爸爸的大音箱也休息了，大家都不敢大聲說話，就連關門、走路

新生兒從一出生即有聲音的定向能力。他不但聽，而且看聲源物，眼睛和耳朵的連接，使新生兒能盡可能完整地感受外來的刺激適應環境。

都悄無聲息……貝貝在一家人的呵護下快樂地成長著。

但是，逐漸長大的貝貝似乎不願意出門，每次出去都會被外面突然而至的各種聲音嚇得哇哇大哭，貝貝似乎怎麼也適應不了外面那吵吵鬧鬧的世界，到哪裡去給貝貝找一個絕對安靜的世界呢？

蒙特梭利解讀

大家可能會有這樣的誤解，認為剛出生的嬰兒特別怕吵，家人所有的行動都需要靜悄悄地進行，殊不知，這紛紛擾擾的大千世界中的各種聲音，恰恰是對寶寶聽覺系統最良好的刺激。**家長為寶寶刻意營造的無聲環境，反而會致使寶寶的聽覺系統受不到刺激，產生聽覺遲鈍或聽覺過分敏感的現象。**

其實，寶寶剛出生時，由於中耳沒有發育成熟，聽力是比較弱的，當殘留在耳中的羊水被逐漸吸收之後，聽力才會迅速發展。因此，**儘量自由地在出生1個月內的寶寶面前說話吧，因為這個時期的寶寶既聽不懂也聽不清。**

另外，6個月以內的寶寶最喜歡聽到的是人說話的聲音，他們可以迅速地從多種聲音中區別出人的語言。**3個月大的時候就能分辨出父母的語音，6個月大的時候就可以對聲調做出反應，6～12個月寶寶的「聽覺映射圖」會建立和形成。**聽覺映射圖，是寶寶根據腦內皮質的神經元的活動區域，勾畫出的大腦內部的「聽覺地圖」。嬰兒腦內的「聽覺映射圖」大概到1歲左右完成。**1歲之後，寶寶就很難區別出從來沒有聽過的音素**。利用寶寶音素聽力的敏感期進行多種語言的開發與吸收，可以起到事半功倍的效果。

如果你想讓自己的寶寶掌握多門外語，就在1歲前多找幾個「聯合國」朋友，在寶寶音素聽力的敏感期內多說話給他聽吧。

Q

寶寶的聽力潛能有多大？

媽媽覺得丁丁就是一個敏感的聽力專家，每次晚上帶丁丁出去散步時，丁丁總能聽到青蛙在歌唱、蟋蟀在彈琴、蟲兒們在跳著歡樂的舞蹈，每當丁丁向媽媽描述他聽到的音響時，媽媽總懷著一顆敬畏的心。

一天，凌晨三點鐘，正在睡覺的丁丁突然爬起來問媽媽：「媽媽，這是什麼聲音？」

媽媽仔細傾聽，什麼也沒有聽到，安撫丁丁躺下後，丁丁又爬起來問：「媽媽，你快聽聽，這是什麼聲音？」媽媽伸長了耳朵什麼也聽不到。丁丁拉著媽媽來到陽臺，周圍靜

家長為寶寶刻意營造的無聲環境，反而會讓寶寶的聽覺系統受不到刺激，產生聽覺遲鈍或聽覺過分敏感的現象。

悄悄的，沒有任何怪聲。在媽媽的安撫下，丁丁躺在了床上，到底是什麼聲音被敏感的丁丁聽到了呢？

第二天，媽媽去上班，看到一樓的鄰居正在裝水管，經過證實，凌晨三點鐘的時候，水管壞了鄰居在修水管，沒想到，即便是關著窗戶，還是被住在三樓的丁丁聽到了。

蒙特梭利解讀

寶寶聽力的發展隨著年齡的增長和刺激的豐富愈來愈敏銳，到21～24個月時，就能直接定位來自任何角度的聲音了。生活中的蟬鳴蛙語、風吹草動似乎都逃不過寶寶敏銳的小耳朵，這正是因為寶寶處於感官敏感期，聽覺系統飛速發育所致。

人的一生，15％的學習是通過聽覺系統來完成的。寶寶的腦部對所聽到的東西進行怎樣的處理和分配，會直接影響到寶寶學習語言、運動、認知及社會交往的能力。抓住寶寶聽覺敏感期加以培養和訓練，有意識地為寶寶提供豐富的聽覺環境，為寶寶今後聽覺及各項能力的發展打下良好的基礎。

關鍵

瞭解寶寶聽覺發展紅燈

發現寶寶聽覺發展的紅燈，對於寶寶聽覺系統的健康發展尤為重要。

・新生兒時期

對突如其來的大聲沒有反應，不能自由地模仿聲音，不能朝著聲音的方向轉頭。

・6個月之後

被要求用手指熟悉的人、物體或書本上的圖片時無法做到。沒有咿呀作語的發音，或是曾經有過卻停止了（所有小嬰兒都會用咿呀作語來滿足自己，但嚴重失聰的寶寶會在5～6個月時完全停止咿呀作語）。1歲時，還不能理解簡單的口頭要求，如揮手再見、握手你好、作揖謝謝等。寶寶會易怒和經常拉耳朵，往往是耳部感染或耳內出現液體的信號，而耳部的感染或中耳炎是造成寶寶失聰的危險因素。

寶寶會易怒和經常拉耳朵，往往是耳部感染或耳內出現液體的信號，而耳部的感染或中耳炎是造成寶寶失聰的危險因素。

嗅覺與味覺，密不可分的感覺

嗅覺與味覺是寶寶出生時最優秀的感覺，
也是人類最初維護生存、認識事物、積累經驗的重要手段，
因此我們對寶寶嗅覺、味覺的訓練，
同樣會促進寶寶感官功能的全面發展。

嗅覺與味覺是寶寶出生時最優秀的感覺。味覺很多時候都需要嗅覺的輔助，因此兩者是密不可分的。味覺、嗅覺是寶寶認識外界事物、探索世界奧祕的重要途徑。

長期以來，我們總以為嗅覺和味覺對於寶寶生理、心理的發展不像視覺和聽覺那樣重要，但最新的研究成果表明，嗅覺和味覺是人類最初維護生存、防禦危險、認識事物、積累經驗的重要手段，因此我們對寶寶嗅覺、味覺的訓練，同樣會促進寶寶感官功能的全面發展。

Q 寶寶為什麼突然挑食了？

美美最喜歡吃媽媽做的包子，每次都能吃上好幾個。這次，為了讓女兒增加更多的營

養，也為了讓女兒換換口味，媽媽做了牛肉胡蘿蔔的餡料。

誰知，剛咬一口，美美就把包子放下了，還一個勁兒地說包子裡有怪味道。每次美美吃飯都能挑出毛病來，不是鹹了，就是淡了，要不就是酸了，實在說不出感覺時，就說味道怪怪的。媽媽有些困惑了，以前的美美不是這麼挑食的，這孩子最近怎麼愈來愈難「伺候」了呢？

蒙特梭利解讀

其實，美美的「挑食」是感官敏感期的味覺敏感所致。這個時期的寶寶，對於同一種食物，味道稍有改變就會有不同的反應。

有些寶寶對酸口味的食品特別敏感，大多數寶寶不喜歡胡蘿蔔、青椒等帶特殊口味的食物，如果不能在寶寶味覺敏感期之內給予豐富的味覺感受和刺激，就會讓寶寶排斥某種食品，嚴重的話會影響孩子一生的口味需求。

如果不能在寶寶味覺敏感期之內給予豐富的味覺感受和刺激，就會讓寶寶排斥某種食品，嚴重的話會影響孩子一生的口味需求。

Q

為什麼小朋友的鼻子那麼靈？

霖霖在班裡非常孤獨，沒有小朋友願意和他一起玩，甚至不願意和他坐在一起。面對這種情況，老師仔細查找了其中的原因。

原來，霖霖總是愛尿褲子，身上總有一股淡淡的味道。最近，霖霖頭上的分泌物總是很豐富，也會發出一種難聞的怪味。就是這些怪味道，讓霖霖變成了沒人理的小可憐。

為了化解霖霖尷尬的現象，老師和家長協調配合，讓霖霖每天洗頭、洗澡，並提示霖霖上廁所，慢慢地，霖霖身上的怪味消失了，小朋友們似乎忘記了霖霖身上的味道，「不計前嫌」地和霖霖玩起了遊戲……

蒙特梭利解讀

這個時期的寶寶感覺器官中的嗅覺系統非常發達，能讓寶寶分辨出不同的氣味，一點特殊的味道都會引起寶寶的注意，或帶給寶寶愉悅，或帶給寶寶困惑和不愉快，寶寶們甚至能用小鼻子聞出遠處飄過來的飯香，並且告訴你飯菜的名稱，非常神奇。

嗅覺靈敏可以說是嬰兒的特長，員警們經常利用警犬敏銳的嗅覺來偵破一些案件，很多嬰兒的嗅覺甚至比警犬還要靈敏。

媽媽們有沒有發現？你的嬰兒能準確地辨別出你身體的氣息和奶的味道，還能根據乳汁的氣味找到乳房。他們喜歡聞哺乳期女人的氣味，勝過聞其他女人的氣味。新生兒這種天生對母乳味道的偏愛，保證了他們能正確地選擇食物資源，同時也使他們在吃奶過程中學會了辨認自己的媽媽。

7個月的嬰兒開始能分辨出芳香的氣味，但必須到2歲左右才可以很好地辨別各種氣味，嗅覺發展愈靈敏的寶寶，才可能對各種味道有著敏銳的感知與辨別。

Q 為什麼給寶寶換奶粉那麼難？

甜甜出生後，媽媽因為身體原因無法哺乳，甜甜只好吃配方奶粉。聽朋友說另一個品牌的配方奶粉也不錯，媽媽試著給她換著吃，可是無論怎樣逗引，甜甜就是不喝。

媽媽按照朋友傳授的經驗，每天遞減原有奶粉的比例沖調奶粉給甜甜喝，嘗試讓她逐漸接受新口味，真是費勁呀。

嬰兒能準確地根據乳汁的氣味找到乳房。這種天生對母乳味道的偏愛，保證他們能正確選擇食物資源，同時學會辨認自己的媽媽。

甜甜媽媽跟好多媽媽朋友講了這件事情，發現原來不僅是甜甜，許多寶寶都有過這樣的經歷，更換不同品牌的奶粉都不是很順利。他們的嗅覺怎麼這樣敏感呀！

蒙特梭利解讀

當嬰兒呱呱墜地時，就以一種對味道的偏愛與養育者進行溝通，這時他的味覺已經很靈敏了，對不同的味道會表現出不同的反應。你有沒有發現，寶寶更喜歡吸吮和吞咽有甜味的東西，而對苦味、酸味、鹹味的東西卻不喜歡，更不會去吃。其實，這些與生俱來的反應對生存有重要的意義，因為對新生兒來說最理想的食物是略帶甜味的母乳。

到4個月時，寶寶才開始喜歡鹹味，這種變化也是為了開始吃副食品做準備。1歲之內是口味形成和味覺發育的黃金時期，此時父母應該避免過甜或過鹹的食物，以免寶寶長大後飲食口味偏重，過鹹的食品還會增加寶寶腎臟和心臟的負擔，對身體造成傷害。

觸覺，認識世界的主要手段

觸覺是寶寶認識世界的主要手段，而嘴唇和手是觸覺最靈敏的地方。只有滿足了寶寶口腔的敏感期，才會在口腔期結束後迎來手的敏感期，否則，寶寶口腔的敏感期會延長，到了3～4歲還會常將物品放到嘴裡「嘗一嘗」。

觸覺是人類生存所需要的最基本、最重要的感覺之一，是人通過全身皮膚上的神經細胞來接受外界的溫度、濕度、壓力、痛癢以及物體質感等刺激之後所產生的一種感覺，是寶寶在成長過程中探索環境的重要仲介，也是保護身體免受傷害的重要防線。

新生兒的觸覺器官最大，全身皮膚都具有靈敏的觸覺。實際上嬰兒在胎兒期就有了觸覺，當他被子宮內溫暖的軟組織和羊水包圍時，就開始有了觸覺，出生以後仍然習慣於溫暖的懷抱和母親的依偎。

新生兒對不同的溫度、濕度、物體的質地和疼痛有觸覺感受能力，也就是說他們有冷熱、疼痛的感覺，喜歡接觸質地柔軟的物體。**新生兒的觸覺有高度的敏感性，尤其在眼、前額、嘴巴周圍、手掌、足底等部位，而大腿、前臂、軀幹就相對比較遲鈍。嘴唇和手是觸覺最靈敏的部位。**嬰兒也依靠觸覺或觸覺與其他感知覺的協同活動來認識世界，而依戀關係的建立主要依賴身體的接觸。

每個寶寶都會通過對輕、重、尖、鈍、冷、熱等感官刺激的體會來探索世界。寶寶只有體會了豐富的感覺刺激之後，才會主動明白，有尖銳的東西靠近時必須躲避；媽媽溫熱的手掌撫摸著背脊，正是寶寶放鬆、睡眠的好時候。

Q 寶寶的觸覺是不是出了問題？

小石頭是個脾氣暴躁、好動活潑的寶寶，一副天不怕地不怕的樣子。最喜歡的玩具是金箍棒，最喜歡的卡通人物是孫悟空，總是模仿著齊天大聖爬高爬低、躥上跳下，由於動作不協調、不靈活，身上受了不少傷，但很少聽到小石頭喊疼。

媽媽常常覺得小石頭是個堅強的寶寶，為此感到非常驕傲。可有一天，小石頭摔倒時劃破了腿，流了很多的血，清洗傷口時看到小石頭不太痛苦的表情，媽媽才覺得小石頭似乎有些問題……

俏俏是一個人見人愛的漂亮小女孩，誰見到都會忍不住想親親、抱抱她。但是，除了自己親近的家人以外，俏俏對別人的親近行為一概排斥，誰也別想碰她一下。

最讓媽媽苦惱的是，每次給俏俏洗澡、洗頭髮的時候，俏俏都哭聲震天，經常把媽媽的臉和頭髮亂抓一氣。唉，俏俏就像一個誰也碰不得的「瓷娃娃」，傷腦筋的媽媽都不知道怎麼辦才好了……

蒙特梭利解讀

小石頭和俏俏的表現顯然是感覺系統中觸覺功能失調造成的，小石頭的症狀是觸覺遲鈍，這類寶寶對觸覺刺激的反應遲鈍，致使他們對自己身體形象的認識不足，通過觸覺來辨識環境的能力也較差，容易磕碰、受傷，連帶的精細動作發展也不協調，學習新的動作也遲緩，容易給人一種「笨手笨腳」的感覺。

而俏俏的情況屬於觸覺敏感，這類寶寶面對來自外界的觸覺刺激猶如驚弓之鳥，反應強烈。這種類型的寶寶因為無法適當地處理來自外界的刺激，逐漸形成了用「排斥」來對付的方法。

觸覺遲鈍或敏感的寶寶在今後的成長中都會表現出注意力難以集中，情緒不夠穩定，容易與人發生衝突，以致人際關係緊張的種種問題。

嬰兒依靠觸覺與其他感知覺的協同活動來認識世界，

每個寶寶都會通過對輕、重、尖、鈍、冷、熱等感官刺激的體會來探索世界。

Q 為什麼寶寶特別愛吃手？

遠遠已經3個月了，最近，躺在嬰兒床上的遠遠似乎對自己的小手非常感興趣。一開始，他高度專注地把小手往嘴裡放，經過努力，他成功了，能夠順利地吸吮到小手讓遠遠非常高興，吸得起勁時還會發出「吧唧吧唧」的響聲。

如果有人打擾他，將他的小手從嘴裡拿出來，或者因為穿得太多吃不到小手時，遠遠都會發出煩躁、抗議的哭聲，只有當小手順利放在嘴裡，「吧唧吧唧」聲再次響起時，遠遠臉上才會露出滿足的表情。

每次看到兒子把手吃得這麼香，都會讓媽媽很困惑，寶寶的小手真的這麼好吃嗎？

蒙特梭利解讀

觸覺是寶寶認識世界的主要手段，而嘴唇和手是觸覺最靈敏的地方。對於一個3個月大的寶寶來說，口的功能是巨大的，首先，通過吸吮感知手的存在，感知手的抓握功能，當寶寶知道自己的小手能抓握東西之後，就會通過手把周圍抓到的物品都送進嘴裡進行「檢驗」，這個過程也完成和健全了口腔的功能。

寶寶用口腔來認識世界，直到手被完全喚醒，手的敏感期到來，又幫助和加快了口腔敏感期的發展，寶寶就這樣用嘴打開世界的大門，用嘴和這個世界建立著親密的關係，當寶寶開始嘗試用口和手進行探知時，他的世界就開始了……

口腔的敏感期在寶寶6個月左右來臨，這一敏感期持續的長短與寶寶所處的環境存在著很大的關係。這個時期的家長要耐住性子，允許寶寶吃手，允許寶寶品嘗玩具，允許寶寶用口去探索他想要探究的物品。只有滿足了寶寶口腔的敏感期，才會在口腔敏感期結束後迎來手的敏感期，否則，寶寶口腔的敏感期會延長，甚至到了3～4歲，還會常常將物品放到嘴裡「嘗一嘗」。

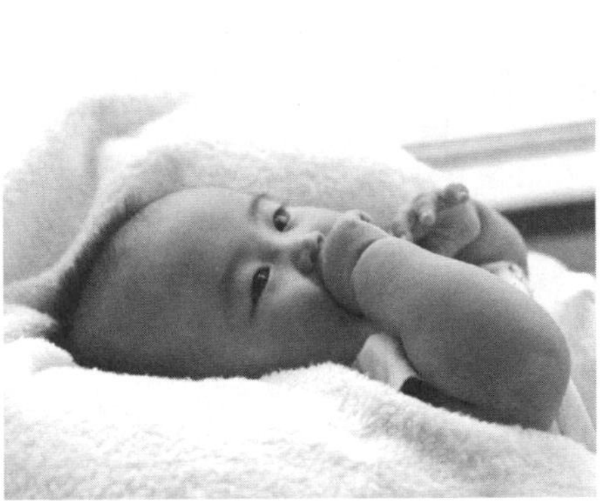

Q 寶寶這麼大了，為什麼東西都還放到嘴裡嘗一嘗？

2歲的祖祖最近又出現了口腔的敏感期。他總是不停地吸吮自己的手指，先從大拇指

面對孩子的口腔期，家長要耐住性子，允許寶寶吃手，允許寶寶品嘗玩具，允許寶寶用口去探索他想要探究的物品。

開始，一個接一個地輪流吸吮，最後竟然把五個手指頭一起放在嘴裡，看著他滿足放鬆的表情，真是讓人又氣又笑。

玩玩具時，他也總是把玩具咬來咬去，不少玩具上都留下了祖祖的牙痕。一顆算盤珠子在他的嘴巴裡變換著位置，把媽媽嚇了一大跳，生怕祖祖把珠子咽到肚子裡去。

吃飯時，祖祖對湯匙的興趣似乎比飯菜還要大，湯匙在嘴裡不停地咬著，伸進伸出，湯匙頭、湯匙柄都被祖祖咬遍了，有兩次，他為了嘗試湯匙柄的長度，都把自己咬吐了……最可怕的是，祖祖竟然連拖鞋都要放進嘴裡咬一咬，被媽媽制止後，祖祖眼中流露出的遺憾和不捨讓人看了都不忍心，這孩子是怎麼了？

蒙特梭利解讀

寶寶在口腔敏感期，會有啃、咬、吮吸的欲望，那時候他們是通過嘴來認識世界的。寶寶的口腔敏感期到來時，若得不到滿足和釋放，家人過度的保護和限制，將會推遲寶寶的口腔敏感期。

口腔敏感期嚴重得不到滿足的寶寶，會把注意力固定在食物上，無法集中精神學習，他們會搶別人的食物、隨意拿別人的東西，甚至撿拾掉在地上的食物。

所以，當寶寶口腔敏感期到來時，家長一定不要阻止寶寶用嘴去探索。

Q 寶寶為什麼愛咬人？

威威2歲了，上幼稚園的小班。玩玩具時，因為爭搶一個玩具，他抓起思思的手狠狠咬了一口。下午，小朋友們一起玩跳跳床，為了防止意外，老師緊緊盯著威威，誰知，威威摔倒在跳跳床上時，突然抱住旁邊的丁丁並在對方的臉上咬了一口，速度快得讓老師來不及阻止。

威威媽媽晚上來接他時，望著被兒子咬得留下牙印的思思和丁丁，媽媽又氣又急又恨，告訴老師威威最近在家裡也經常咬人。

威威是受了什麼刺激嗎？怎麼突然變得愛咬人了呢？

蒙特梭利解讀

威威在用咬人彌補自己落下的口腔敏感期。**不讓寶寶滿足用嘴進行探索工作的欲望，**

寶寶的口腔敏感期到來時，若得不到滿足和釋放，家人過度的保護和限制，將會推遲寶寶的口腔敏感期。

孩子長大後就會出現喜歡咬人、喜歡啃手指等動作。如果寶寶在2歲左右出現愛咬人的現象，媽媽可以回想一下是否滿足了寶寶用口腔探索世界的需求。接下來為寶寶準備可以咬、嘗的東西，比如橡膠圈、各種軟硬不同的食物，乾淨的、不同質地的物品，以滿足寶寶口腔觸覺的發展，隨著年齡的增長，寶寶的手及其他器官也出現敏感期時，用嘴巴探索世界的方式就會悄悄地退居二線了。

Q 寶寶爲什麼喜歡抓黏稠和稀軟的東西？

敏敏從3個月開始會吃手，小手就發生著驚人的變化，6個月時可以把橘子瓣放在嘴裡，會倒手拿玩具。

8個月開始就嘗試自己吃飯，當然不是用餐具，是用小手抓著吃，弄得頭上、身上到處都是，讓人忍俊不住。

9個月左右，敏敏特別喜歡抓黏稠和稀軟的東西，香蕉、麵條、果醬，經常把自己弄得「一身花」，敏敏可以透過拇指與食指的配合捏起小饅頭、小蛋糕等細小的東西放在嘴裡，1歲多的她已經可以自己剝香蕉皮、剝雞蛋殼了……敏敏在用小手認識和感知著這個美好的大千世界。

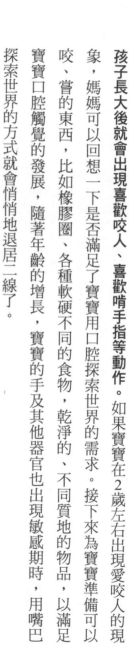

蒙特梭利解讀

當寶寶用口完全將手喚醒之後，手對世界的探索和認知就開始了。**當寶寶出現喜歡抓黏稠的物品時，當寶寶喜歡用手不停地扔東西時，當寶寶嘗試用拇指和食指配合著抓細小的食品時，都預告著寶寶手的敏感期到來了。**

寶寶手的敏感期出現時，鍛鍊使用手非常重要，日常生活中有些成年人不會用筷子、不會點鈔、不會綁繩索，都和童年時期敏感期發展受到阻礙有關。

手是人類智慧的工具，表現在寶寶身上，甚至可以這樣說：寶寶是用手來思考的，手的自由使用不僅表達了寶寶的思維，也表達了寶寶思考的過程。禁止寶寶手的活動，就等於禁止了寶寶的思考。

寶寶是用手來思考的，手的自由使用不僅表達了寶寶的思維，
也表達了寶寶思考的過程。禁止了寶寶手的活動，就等於禁止了寶寶的思考。

遊戲21

視覺訓練

鍛鍊寶寶的眼睛

訓練目的

通過良好的視覺訓練，增強寶寶視覺的良性發展。

訓練方法

- 剛出生的寶寶喜歡看輪廓鮮明、色彩對比強烈的圖形，如黑白棋盤、靶心圖、人臉圖等，圖片要大，最好擺在寶寶視線二十到四十釐米遠的位置。
- 1個月大的寶寶可以通過移動紅球練習視線追蹤。
- 4個月之前的寶寶通過搖響、捏響玩具的移動，練習目光追隨、抓、拍等，花生米大小的小東西，此時的寶寶是看不到的。
- 母親餵奶時，也可以同時進行視力的訓練。寶寶最喜歡看著媽媽微笑的臉，媽媽可以隨時轉換抱孩子的位置，使寶寶的目光隨著移動，這有助於寶寶雙目視覺肌肉的訓練。
- 色彩鮮豔、畫面形象生動有趣的圖書，則為寶寶在與外界的接觸中，提供了一種視覺刺激，以幫助寶寶學習吸取符號化的資訊，從9～10個月開始，家長就可以幫助寶寶學習翻書，講讀故事，但避免時間過長。

- 透過空間關係、視覺辨別、圖形、背景辨別、物體再認等的方法，提高寶寶的視覺能力。
- 視覺敏感期之內的寶寶（1歲之前）最好不要接觸電視。
- 寶寶居住、玩耍的房間要保證窗戶較大、光線明亮。
- 供給寶寶富含維生素A的食物，如動物肝臟、蛋黃、深色蔬菜和水果等，適時讓寶寶咀嚼粗加工食品，經常讓寶寶進行戶外遊戲和體格鍛鍊，有利於緩解視覺疲勞，促進視覺發育。

遊戲22

視覺訓練

追影子、踩影子

遊戲目的

促進寶寶視力的發展，同時訓練寶寶的反應能力及思維的敏捷性。

遊戲玩法

- 媽媽帶寶寶出去玩時，陽光下和路燈下都會有影子，隨著人體的移動，影子也在移動，這樣就可以和寶寶一起玩踩影子的遊戲了。
- 媽媽可以忽快忽慢，讓寶寶來追，也可以和寶寶互相踩影子，比一比誰不被對方踩到，踩到後可以大叫：「我踩到你的胳膊了！我踩到你的腿了！」
- 帶寶寶遊戲時，提醒寶寶不要跑得過快，以免摔倒，並注意周圍的環境、過往的車輛、地面是否平整等，一定要注意寶寶的人身安全。
- 另外，通過遊戲可以訓練寶寶的觀察能力：一盞路燈下是一個影子，讓寶寶觀察，好幾盞路燈下，影子還是一個嗎？以啟發寶寶的思維。

遊戲23

聽覺訓練

寶寶聽聲音

訓練目的

通過良好的聽覺訓練促進寶寶聽覺系統的良性發展。

訓練方法

- 不必為新生兒刻意保持房間的安靜，家人要像平時一樣說話、走路、行動……讓寶寶儘量處於自然的聽覺環境中。
- 給寶寶餵奶或換尿布時，只要寶寶睜著眼睛，就多和他說說話，講講周圍的事物或正在發生的事情等。
- 家長可以挑幾首兒歌、節奏簡單且旋律優美的音樂及一些押韻的詩詞、簡單的順口溜，在親子互動或偶爾抱著他走走、換尿布的時候，由家長哼唱或播放這些音樂給孩子聽。家長一開始可先挑兩到三首就好，重複使用一陣子後再更換。
- 結合視覺的良好刺激為寶寶提供豐富的聽覺環境，如準備好聽的音樂盒、撥浪鼓、搖響或捏響玩具吸引寶寶注意、尋找，刺激寶寶視覺、聽覺、知覺的協調發展。

- 通過人聲、動物聲吸引寶寶注意力，讓寶寶尋找聲源，提高寶寶的反應速度。
- 帶寶寶感受大自然中的各種音色，豐富寶寶聽覺經驗。
- 多帶寶寶玩聽力遊戲，在遊戲中鍛鍊寶寶的聽覺注意能力、辨別能力、記憶能力、理解能力、配對能力等。
- 和寶寶玩在嘈雜環境中注意聽指令、傳指令的遊戲，使聽力更上一層樓。
- 適當為寶寶製造一些「雜訊」，以加強寶寶選擇聲音和忽視雜訊能力的培養（讓寶寶學會在嘈雜的聲音中也能聽清想聽的那個聲音）。
- 新生兒期和嬰兒期應儘量避免給寶寶使用耳毒性藥物；不要給寶寶挖耳朵；儘量避開音量較大的雜訊；不能讓寶寶長期生活在雜訊環境中。
- 如有耳內感染或中耳炎的發生，須定期帶寶寶做聽力檢查。

遊戲24

聽覺訓練

聽聲辨人

遊戲目的

提供聽覺經驗，培養聽覺的注意力、記憶力及分辨能力。

遊戲玩法

- 用答錄機錄下爸爸、媽媽、爺爺、奶奶、外婆、外公等家庭成員的一段話，每個人的話之間留出一段空白時間，方便寶寶的思考。
- 再準備一些家庭成員的照片，照片的張數與答錄機中錄好的內容人數相符，一切準備好之後，遊戲就可以開始了。
- 媽媽放錄音，每出現一個聲音，請寶寶聽辨之後，馬上把相應的相片配好對放好，可以讓寶寶聽一個放一個，也可以讓寶寶連續聽幾個，然後憑記憶順序將照片一一放好。
- 遊戲剛開始進行時，可以先從聽辨動物聲音並進行配對開始，然後再讓寶寶聽辨家庭成員的聲音。

・放錄音的速度、音量要合適，方便寶寶聽清楚。

瓶子中倒上不同刻度的水，
會發出不同的聲音，
帶給孩子更新鮮、更有趣的音樂感受，
他也會更留意身邊的各種音響。

遊戲25 嗅、味覺訓練

寶寶聞一聞

訓練目的

通過良好的嗅覺訓練增強寶寶嗅覺系統的良性發展。

訓練方法

- 實驗證明，寶寶在出生1個月就已經擁有靈敏的嗅覺了。1個月寶寶的嗅覺訓練方法：把寶寶抱在懷裡，將香料或香水放在寶寶鼻子下方，來回移動三次，間隔十秒後，換一種香味再進行，如果寶寶臉部肌肉抽動，即是反應良好的證明。準備散發酸味、甜味和鹹味的三種食品，一邊訓練一邊和寶寶對話：「這是甜味，這是酸味。」
- 開發寶寶的嗅覺能力，聞生活用品的各種味道，可以將一些寶寶經常用的爽身粉、香水、香皂等讓他多聞一聞，並告訴他每種物品是什麼氣味。
- 嘗試讓寶寶聞各種食品，酸、甜、苦、辣、鹹、香、臭等。
- 讓寶寶聞聞各種鮮花的香味，讓他熟悉這些氣味，比如玫瑰、茉莉、紫羅蘭、菊花等等。

• 接下來還可以加深難度，把寶寶的眼睛蒙上，聞花香，並進行配對；訓練時，一次不可使用太多的花，而且對比氣味的鮮花區別要相對明顯。

• 需要注意的是，不要讓過敏性體質的寶寶做這項訓練，以免引起花粉過敏。

遊戲26

味覺訓練

嘗味道

訓練目的

通過良好的味覺訓練增強寶寶味覺系統的良性發展。

訓練方法

- 適當餵寶寶喝一點水果榨成的汁，一是刺激味覺的發展，二是可以增加維生素，為以後學會吃各種副食品做好味覺適應的準備。
- 適時為寶寶增加副食品，一方面滿足寶寶身體發育的營養需求，另一方面讓寶寶習慣母乳或其他乳品以外的味道，為斷奶做準備。有的寶寶很難斷奶，依戀母乳，就是因為沒有及時增添副食品，使寶寶的味覺只適應母乳，因而對其他的味道產生反感。
- 嘗試讓寶寶吃各種食品，多積累不同的味覺經驗，但品嘗多樣化食品的同時，應注意觀察寶寶是否有過敏現象。
- 適當讓寶寶品嘗百味中「苦」的味道，積累不一樣的味覺經驗。

- 家長在提供相關感覺刺激時，要搭配相應的口語介紹，寶寶自然會配合他所聽到的聲音及嗅覺、味覺經驗，隨著經驗的累積及認知能力進展，學會辨認味道及其代表的含義。
- 做飯時讓寶寶聞一些有特殊味道的蔬菜，比如芹菜、香菜、茼蒿等，做好後再讓他嘗嘗這些菜的味道，以幫助寶寶熟悉各種蔬菜的味道，不挑食。
- 條件允許的話，帶寶寶到各地旅遊，品嘗當地的特色小吃，並和寶寶進行感官經驗交流。

遊戲27
嗅覺訓練

靈敏的小鼻子

遊戲目的

開發寶寶的嗅覺智慧，使寶寶的嗅覺愈來愈靈敏。

遊戲玩法

- 用塑膠杯分別裝入適量醋、醬油、香油、白酒、香水、洋蔥（切碎）等。
- 用不透明的紙套在塑膠杯口上，用橡皮筋紮好，在紙上扎幾個孔。
- 讓寶寶逐個聞一聞，並說出是什麼，寶寶說出名稱後，將蓋紙揭開，讓寶寶自我檢查是否正確。
- 可以在寶寶用餐前蒙住寶寶的眼睛，讓寶寶聞飯菜的香味並說出飯菜的名稱，如包子、米飯、番茄炒雞蛋、紅燒肉等。

遊戲28

味覺訓練

好喝的八寶粥

遊戲目的

累積味覺經驗的同時，瞭解做事的順序，培養秩序感，積累生活經驗。

遊戲玩法

- 做八寶粥的時候，別忘了叫上寶寶，和媽媽共同製作八寶粥，寶寶吃飯時會覺得格外香甜。
- 媽媽和寶寶一起準備金絲小棗、葡萄乾、紅豆、大米、芸豆、蓮子、桂圓、大麥仁、花生米等原料。
- 將所有材料放到小盆裡，檢查食材是否完好，引導寶寶記住各種材料的名稱，並幫助寶寶一起洗乾淨。
- 將洗乾淨的各種材料放到電鍋裡，加入適量水，按下煲粥按鈕，等待。
- 八寶粥做好後，用勺子盛到碗裡，進行品嘗，並讓寶寶嘗試說出金絲小棗、葡萄乾、蓮子、桂圓、花生米等的味道。

遊戲29

觸覺訓練

親子肌膚接觸

遊戲目的

觸覺是寶寶最大的感覺，是最早的學習通道之一，也是寶寶認識世界的主要手段，在其認知活動和依戀關係形成的過程中，佔有非常重要的地位。因此，觸覺的訓練不容忽視。透過有系統的觸覺訓練可以增強寶寶觸覺系統的良性發展。

遊戲方法

- 新生兒的嘴唇是觸覺最敏感的部位，餵奶時可以將乳頭在寶寶口邊晃動，讓他主動尋找奶水，以訓練寶寶主動探求事物的能力。
- 媽媽的手是寶寶緊張、無助時最好的撫慰劑。可以利用換尿布、餵奶、洗澡的機會，輕拍、撫摸或是擁抱寶寶，或是為寶寶按摩。
- 經常按摩寶寶的四指、手掌和手背，用力鉤拉四指，使寶寶手掌充分活動，讓寶寶的手握住大人的食指，大人用手指鉤拉寶寶的手掌，以訓練寶寶手掌的抓握能力和觸覺能力的發展。

- 吸吮奶嘴和手指以滿足寶寶持續的觸覺需求，不僅促進其觸覺的敏銳度，還可以提高其動作的協調能力。
- 提倡母乳餵養、親子同床、多抱多撫摸、多做親子逗笑撫觸遊戲。
- 允許寶寶用口與手嘗試和探索生活中、環境中的各種物品、食品，滿足寶寶口腔與手的敏感期的爆發需求，但同時要注意環境和食品的安全。
- 寶寶洗完澡以後，可以分別用乾毛巾、絲綢布、純棉布等不同的織物撫摸他的全身，使寶寶皮膚感受到不同的刺激。
- 家長可為寶寶準備各種手工材料（色紙、麵團等），讓他黏貼、揉搓出不同的造型。還可以陪寶寶一起玩沙子，沙子是一種粗糙的東西，是打通觸覺神經通路的極佳媒介，多玩這種遊戲，可增進寶寶觸覺的敏銳性。
- 放手讓寶寶自己完成力所能及的事情，比如吃飯、穿脫衣服，通過生活能力的訓練，有助於寶寶身體各部位的觸覺辨識能力，同時也能積極順應寶寶在幼稚園的集體生活。
- 讓寶寶每天在輕拍、撫摸的溫情中入睡，從撫摸、輕拍的召喚聲中快速醒來；一起外出時，父母要記得用溫暖的大手握住寶寶的小手；上班出門之前，親親寶寶的額頭、貼貼寶寶的臉，為寶寶營造感覺刺激豐富的生活環境，讓寶寶感受愛的同時，提供機會讓他廣泛地接觸外面世界，促進觸覺的發展。

遊戲30

觸覺訓練

小蟲歌

遊戲目的

觸覺的練習、語言的刺激，同時利於親子關係的建立。

遊戲玩法

- 媽媽將寶寶抱在腿上，面對面坐好，邊用手指觸摸寶寶邊說兒歌：

有條小蟲蟲，爬上你的腿，（食指和中指交替觸摸寶寶的腿）
爬上你的腿，爬上你的腿，（同上）
有條小蟲蟲，爬上你的腿，（同上）
要咬你的肚皮，咬你的嘴。（拇指和食指輕輕地夾一下寶寶的肚皮和嘴）

- 還可以把肚皮和嘴換成腳趾、耳朵、鼻子等，增加不同部位的觸覺練習。
- 在玩遊戲時，媽媽儘量放慢速度，便於寶寶聽清楚歌詞。

遊戲31
多種感官運用

認識草莓

遊戲目的

通過視、聽、嗅、味、觸等感覺器官認識草莓，豐富感官經驗，積累生活經驗，提高語言表達能力、觀察力及認知。

遊戲玩法

- 媽媽準備好新鮮的草莓，帶寶寶一起清洗草莓，讓寶寶通過視覺感受到草莓與水的關係，較輕的草莓是如何浮在水上的，清洗草莓有什麼技巧，不能用力揉搓等生活常識。
- 先讓寶寶觀察草莓的外形（視覺），說說草莓是什麼樣子、什麼顏色的。
- 請寶寶用小手觸摸草莓，感受草莓的外形、表皮的質感（觸覺），並說出草莓表面有小小的顆粒，感覺粗粗的。
- 請寶寶聞聞草莓的新鮮氣味（嗅覺）並說出感覺。
- 媽媽拿起一顆草莓放在嘴裡輕輕地咬嚼，讓寶寶閉上眼睛仔細聽牙齒咬碎草莓表面小顆粒的聲音（聽覺）。

- 媽媽用刀子將草莓橫切、縱切，讓寶寶觀察草莓內在與外在的不同，可以讓寶寶自己動手切草莓（但要注意用刀安全），鍛鍊寶寶的手眼協調性。
- 寶寶和媽媽一起分享酸酸甜甜的草莓（味覺），用舌頭感知草莓多汁的特性，媽媽還可以同時教給寶寶使用刀叉的技巧。

第5章 1.5~4歲

對細微事物感興趣的敏感期

爸媽有沒有發現1歲半的寶寶，特別喜歡「撿破爛」？小紙片、鈕扣、小石頭、路邊的一片枯葉，都成了他的收藏品。其實，寶寶對細微事物感興趣的敏感期可能到了哦。只要給予寶寶適當的發展和刺激，就可以培養孩子敏銳的觀察力。

本章先介紹寶寶對細微事物感興趣的敏感期徵兆，並提供三款親子互動遊戲，爸媽可以抓緊時期發展孩子的觀察力，教出「觀察細微」的聰明寶寶。

請注意！

當寶寶出現以下狀況，
代表他（她）已經進入對細微事物感興趣的敏感期嘍！

敏感期徵兆：不再被色彩鮮艷的事物吸引，喜歡撿拾或收藏細碎的小東西、熱愛觀察細小事物……

對細微事物感興趣的敏感期檢測表

1.5～4歲的寶寶正面臨對細微事物感興趣的敏感期。進入本章前，請爸媽先勾選這份檢測表，確認寶寶的細微事物敏感期發展，並進一步瞭解自己對於寶寶的敏感期發展，是否做出確切的應對。（各題末頁碼標示，如 P.029 為本書相關主題的參閱頁碼）

1　1歲的寶寶經常喜歡撿路上的小樹葉、小石頭回家，你的反應是？ P.185

□溫柔堅定地告訴寶寶，不可以亂撿垃圾回家。
□不多加干涉，讓寶寶撿他感興趣的小東西。
□立刻告訴寶寶地上細菌很多，亂撿東西會肚子痛。

2　跟寶寶分享有趣事情時，他總是心不在焉在把玩小東西，你的反應是？ P.187

□先讓寶寶玩他的，改天找機會再跟寶寶分享。
□心不在焉代表寶寶的注意力不集中，應該多訓練他的專注度。
□要寶寶停下手中動作，並告訴他不專心聽大人說話是沒禮貌的行為。

細微事物敏感期 3 大階段

年齡	階段名稱	行為特徵	配合遊戲
1.5歲起	細微事物興趣萌芽期	不再被顏色耀眼的事物所吸引，幼兒開始對成人沒注意到的微小事情感興趣。	32. 幫助寶寶認識花草 P.193
2歲左右	觀察力攀升期	不同於大人宏觀、開放的視野，寶寶的視野卻是關注枝微細節。此時正是培養寶寶觀察力的最佳時期。	33. 對超市貨物進行分類 P.195

3

在公園玩時，寶寶對周遭風景不感興趣，只喜歡翻泥土抓小蟲，你的反應是？P.189

□要寶寶多注意周圍美麗的環境，同時介紹花草樹木的相關有趣知識。

□泥土裡可能有碎玻璃等危險物品，馬上將寶寶抱走。

□先確認土裡是否藏有危險因素在內，若沒有，就讓孩子去玩。

3歲左右

精細動作期

隨著寶寶手和腿的日益靈活，觀察、抓、握、捏細小的物品，將提高寶寶的手眼協調、精細動作、認知。

34. 用細小物品做手工P.196

對細微事物感興趣，開啟寶寶智慧的第一道門

觀察力是寶寶發展其他能力的前提，對細微事物的敏感期一般會從1.5歲持續到4歲左右，寶寶若在對細微事物感興趣的敏感期內自然養成觀察習慣，必會對今後的學習起到事半功倍、水到渠成的效果。

處於敏感期的寶寶，由於喜好觀察細小事物，所以，寶寶漸漸會發現事物之間的特質與差異性，著迷於感官上的探索、辨別，以培養對周圍環境的敏感性和觀察事物的敏銳性。因此說，對細微事物感興趣的敏感期，是開啟寶寶智慧的第一道門。

蒙特梭利認為：兒童會出現對細微事物感興趣的敏感期，是因為兒童的天性會逐漸通過一些階段來引導他們的智力，直到他們充分理解周圍環境中的東西，這樣的活動才會暫停。

如果忽視了敏感期內對寶寶細微事物觀察力的培養，打消了寶寶探索細微事物奧祕的積極性，長大後寶寶就會變得粗心、對周圍很多顯而易見的事物都視而不見。反之，若瞭解寶寶對細微事物的敏感期，加以引導和鼓勵，讓寶寶在豐富的教育環境下成長，自會使寶寶具備驚人的觀察與探索能力。

凡是我們眼裡能夠見到的一切都有自己的獨特性，只要你引導寶寶去觀察，鼓勵他去分析，寶寶在這樣的教育環境下成長，長大後對周圍的環境就會非常敏感，觀察事物就會十分敏銳。

觀察是認識的基礎，是思維的觸角，是一切科學發明、藝術創造以及人類進行有效交流的前提。有了觀察，便開始有了注意、記憶、想像和思維，而這種能力，只來自於生命最初的這幾年。

抓住這個時期，多給予寶寶豐富的探索和學習的機會吧，因為智慧之門正向孩子們緩緩地打開……

Q 寶寶為什麼喜歡「撿破爛」？

涵涵會走路之後，行動的範圍愈來愈大了，她就像一個小小的收藏家，專門收藏細小的物品。

媽媽是如何發現涵涵對細微事物感興趣的呢？一天，媽媽收拾房間，不小心將筆筒碰

家長引導寶寶去觀察眼前事物，鼓勵他去分析，寶寶長大後對周圍的環境就會非常敏感，觀察事物就會十分敏銳。

倒，從裡面滾出了很多細碎的小東西：碎紙片、小樹葉、小鈕扣、小石頭、小豆子……媽媽剛要把「垃圾」扔掉，涵涵衝過來，寶貝似地把這些小東西重新放回筆筒裡。

媽媽觀察，涵涵經常會撿些小東西回來放進筆筒，有時也會把筆筒裡的小玩意倒出來玩一會兒，要是筆筒裡熟悉的小玩意兒不見了，涵涵還會哇哇大叫，直到找回來為止。這個小涵涵啊，怎麼這麼喜歡「撿破爛」啊？

蒙特梭利解讀

1歲多的寶寶已經開始走路了，這正是能夠將手的活動和身體的平衡聯繫起來的時期。這時的寶寶，腿走到哪裡，手就探索和工作到哪裡。

隨著寶寶手和腿的日益靈活，觀察、抓、握、捏細小的物品成為寶寶樂此不疲的事情，在這種對細微事物感興趣的敏感力的推動下，寶寶的手眼協調、精細動作、認知等才能得到相應的發展和提高。

處在對細微事物敏感期內的寶寶很容易發現物與物之間的差異性及特質，因此他會著迷於進行一些感官上的探索、辨別。

Q

為什麼寶寶更喜歡細小的事物？

晴晴會走路了，她對自己活動範圍內所有的細小事物都非常感興趣。帶晴晴出去散步時，媽媽會給晴晴講社區花園的美景，誰知晴晴似乎不太感興趣，一直走走停停，一會兒看看地上的小石頭，摳一摳、摸一摸；一會兒瞧瞧路邊的小花小草，看一看、聞一聞，就連石頭縫裡的菸蒂、瓜子皮、碎紙屑都逃不過她的眼睛。

為了讓晴晴認識月季花，媽媽耐心地逐一介紹月季花的名稱、顏色、品種，媽媽正講得起勁，誰知，晴晴的大眼睛一直追蹤著月季花上爬上爬下的小螞蟻。唉！這見小不見大的晴晴啊，到底有沒有在聽媽媽講月季花啊？

蒙特梭利解讀

伴隨著寶寶的探索期和第二次出生——「行走」的出現，晴晴正處於對細微事物感興

隨著寶寶手腿日益靈活，觀察、抓、握、捏細小的物品成為他樂此不疲的事情，孩子的手眼協調、精細動作、認知藉此得到相應的發展和提高。

趣的敏感期，在這個敏感期內的寶寶，與成人的視野是不同的。成人善於用宏觀的、開放的眼光看待周圍的環境，往往忽視環境中的細小事物，但小寶寶的視野卻是關注細枝末節，而細枝末節的觀察更需要專注、耐心，需要聚精會神，需要時間，這些成長似乎比觀察物件本身還要重要。

當寶寶集中所有的注意力，觀察著細微的事物時，蒙特梭利告訴我們：「並不是這個物體給他深刻的印象，而是在他的注視下，表現他對事物的摯愛與理解。」

Q 愛觀察的寶寶為何表現較優秀？

冰冰和洋洋是一對雙胞胎，從兩人會走路開始，就經常結伴去撿樹葉、收集小石頭，還經常抓些小昆蟲回家觀察。

每天和爸爸媽媽到公園散步的時間是哥兒倆最快樂的時光。爸媽會和兒子們一起觀察小螞蟻，也會聚精會神尋找樹葉中的飛蟲，盡情地讓小哥兒倆東摸西摸、聞聞看看，還耐心地回答他們提出的無數個問題……

長大後，冰冰和洋洋均以優異的成績畢業於國內優等大學，出國深造後，以科學家的身分造福社會。

蒙特梭利解讀

小哥兒倆正是因為在細微事物敏感期中擁有了豐富的學習環境，敏感力得到了充分的爆發和滿足，才造就了他們日後的成就。**對細微事物的敏感期一般會從1.5歲持續到4歲左右，寶寶對細微事物感興趣的敏感期出現後，正是培養寶寶觀察力的最佳時期。**

觀察力是人類智力結構的重要組成部分，也是寶寶發展其他能力的前提。觀察可以成為一種習慣，這個習慣如果在寶寶對細微事物感興趣的敏感期內自然形成，必會起到事半功倍、水到渠成的效果。

一旦觀察成為了一種習慣，就會發現，寶寶的所有能力都會日新月異，不僅如此，寶寶的認知、記憶、想像、思維、創新，都會伴隨觀察習慣的養成悄然成長。

關鍵 1 寬容和理解寶寶的探索行為

忙碌的大人常會忽略周遭環境中的微小事物，但是寶寶卻常能捕捉到個中的奧祕。如

一旦觀察成為了一種習慣，寶寶的認知、記憶、想像、思維、創新，都會伴隨觀察習慣的養成悄然成長。

果寶寶對泥土裡的小昆蟲或你衣服上的細小圖案產生興趣；如果寶寶喜歡捏著小線頭、頭髮絲在手裡玩耍；如果寶寶喜歡遍地撿拾細碎的紙屑、沾滿泥巴的小樹枝、奇形怪狀的小石子，並把它們當寶貝收藏的時候。

恭喜你，你的寶寶進入了對細微事物感興趣的敏感期。

寶寶撿拾「小垃圾」的行為可能會讓你感覺不開心，但為了寶寶日後驚人的觀察及探索能力，要儘量寬容和理解寶寶的探索行為，你的阻止，輕者可能會延遲寶寶敏感期的出現，阻礙寶寶智慧及各項能力的發展，嚴重的話，一個科學家就有可能被阻擋在智慧之門的外面啦。

關鍵2

創造機會，讓寶寶體驗觀察的樂趣

從寶寶會走路開始，爸媽就要有意識地給予寶寶自由探索的機會，並為寶寶提供一些合適的環境。比如準備一些能滿足探究事物細微區別需求的玩具、用具，或經常帶他到戶外玩耍、散步，讓寶寶在不同環境中對實物進行分類、配對、排序、比較等活動。

如果寶寶喜歡撿樹葉、收集小石頭、抓昆蟲和飼養小動物觀察，那就支持他、鼓勵他，哪怕寶寶正在興致勃勃地觀察一隻醜陋的小蟲子，哪怕寶寶正在擺弄一個你認為又髒又臭的「垃圾」，千萬不要打擾他，讓寶寶按照自己的想法去做他想做的一切吧，這其中的樂趣會讓寶寶沉迷，而這股沉迷會帶來一股力量推動寶寶的成長。

在寶寶體驗觀察樂趣的同時，你一定要用慧眼排除掉環境中所有的危險因素，以保證寶寶在安全中探索、在探索中感知、在感知中蛻變和成長。

關鍵3

親近大自然，提高寶寶的觀察能力

大自然是寶寶的樂園，走進大自然，可以讓寶寶近距離廣泛地瀏覽和體驗大自然的奇妙。而大自然中的一顆小石子、一片小樹葉、一根小樹枝、一隻小飛蟲……都會變成活潑生動的觀察材料。你可以嘗試和寶寶一起來尋找一些奇特的小樹葉、小石子、小果實、小花，或分辨它們之間的不同，哪片樹葉有蟲眼，哪片樹葉有斑點，這些細微的差別會讓寶寶十分著迷和好奇。

隨著寶寶觀察的深入和能力的提高，大自然的探索可以拓展出更深層次的內容。比如，和寶寶一起探究小蟲眼的來歷，想像、推測、實證、描述……寶寶的認知、思維、想像、表達、創新，都會伴隨觀察能力的提高悄然成長。

在寶寶體驗觀察樂趣的同時，家長一定要用慧眼排除掉環境中所有的危險因素，以保證寶寶在安全中探索，在感知中蛻變和成長。

關鍵4

多和寶寶玩觀察力、注意力的遊戲

與寶寶一起做遊戲時，要讓寶寶多觀察、多思考，並引導他的注意力，隨時隨地開展一些這樣的遊戲，讓寶寶在遊戲中提高這些能力。

遊戲32

觀察力訓練

幫助寶寶認識花草

遊戲目的

注意、判斷及觀察能力的培養，認識花草，豐富認知的同時促進語言的發展。

遊戲玩法

- 帶寶寶去花園遊玩時，可以利用花園中的事物滿足寶寶對細微事物的觀察和瞭解，同時豐富寶寶的認知和語言。
- 教給寶寶各種花草的名稱，並讓寶寶清楚地說出它們的顏色，進行名稱與顏色的認知配對。
- 媽媽以猜謎的形式讓寶寶鞏固學習的知識，如：「寶寶，告訴媽媽，什麼花最早告訴我們春天的信息啊？這種花是什麼顏色的？」（迎春花、黃色的）
- 媽媽隨意撿起掉到地上的花瓣，讓寶寶從部分推斷整體，找找看，花瓣是從哪朵花掉下來的，培養寶寶的觀察及判斷能力。
- 引導寶寶觀察小昆蟲，如蜜蜂、蝴蝶等。媽媽向寶寶介紹蜜蜂如何採蜜、蝴蝶如何飛舞等，激發寶寶熱愛小動物。

- 教寶寶一些小歌曲，幫助寶寶認識季節、認識花朵。
- 給予寶寶充分的時間流連在花園玩耍，讓他有時間看看螞蟻爬、撿撿小石頭、收集小樹葉等。
- 回家用撿來的小石頭、小樹葉做些美術作品，提高寶寶收集小物品的興趣。
- 對觀察活動進行談話和總結，有便於經驗的積累，並促進孩子語言和認知的發展。

遊戲33
觀察力訓練

對超市貨物進行分類

遊戲目的

通過分類、配對、比較，鍛鍊寶寶的觀察與注意力，豐富認知，提高思考及判斷力。

遊戲玩法

- 媽媽可以利用帶寶寶去超市的時間進行觀察及認知活動。
- 媽媽故意將商品退回，讓寶寶將商品放回原處，訓練寶寶的觀察力以及分類、歸類的能力。
- 媽媽一邊推車走，一邊對寶寶說：「寶寶，幫媽媽找蘋果，幫媽媽找到青花菜，再給媽媽找找通心粉在哪裡」等。
- 媽媽可以在賣畫的地方停下來，讓寶寶觀察每一幅畫，讓寶寶根據媽媽的指令進行尋找：「有一幅畫啊，畫著兩個小女孩，站在沙灘上看大海，你能幫媽媽找到這幅畫嗎？」以此類推，在不同的貨櫃，媽媽都可以讓寶寶進行觀察、比較、判斷之後，再告訴媽媽答案。

遊戲34

手部訓練

用細小物品做手工

遊戲目的

滿足寶寶收集細小物品的敏感需求，提高手的技巧，增強美勞興趣，激發想像力。

遊戲玩法

- 寶寶不是愛收集瓜子皮、小草根、小木枝等細小物品嗎，那就和寶寶一起用這些小玩意兒做一份美術創作吧。
- 媽媽準備一張藍色的複印紙、一枝水彩筆，再準備好膠水、棉花棒，準備好寶寶收集的瓜子皮、小草根就可以開始啦。
- 在紙上塗上膠水，把小草根黏好。
- 用棉花棒黏上膠水，點在紙上，用一塊小毛巾把黑瓜子按在膠水上等待片刻，黏牢後再鬆開，照此方法在紙上隨意黏貼一些瓜子皮。
- 等膠水乾透後，用黑色水彩筆畫上一條小尾巴，一幅可愛的小蝌蚪圖就做好了。
- 和寶寶一起欣賞共同完成的美術創作，並嘗試鼓勵寶寶用收集的小樹葉、小木枝等做出更多美術創作，以豐富寶寶的手眼協調及藝術性。

第6章 0~6歲

動作敏感期

1歲多寶寶開始會行走後，變得越來越好動。到底哪些行為徵兆代表寶寶的動作敏感期到了？徵狀出現後又該如何抓緊這個時期，提供寶寶良好的動作發展環境？

本章介紹動作敏感期的寶寶在行動方面出現的徵兆，並說明爸媽應特別注意的事項，配合四款親子互動遊戲，打造「動作敏捷」的寶寶！

請注意！

當寶寶出現以下狀況，
代表他（她）已經進入動作敏感期嘍！

敏感期徵兆：喜歡挑戰高難度動作、刻意走高低不平的路、喜愛破壞物品、出現玩剪刀的行為……

動作敏感期檢測表

0~6歲的寶寶正面臨了動作敏感期。進入本章前，請爸媽先勾選這份檢測表，確認寶寶的動作發展，並進一步瞭解自己對於寶寶的敏感期發展，是否做出確切的應對。（各題末頁碼標示，如P.029為本書相關主題的參閱頁碼）

1 **1歲以後寶寶喜歡走坡路、路肩這類高低不平的地方，你的反應是？** P.202

□馬上將寶寶帶到安全的平地，或乾脆抱著寶寶走。

□馬路上危險多，立刻糾正寶寶的行為，並警告他今後不准再犯。

□寶寶做這些行為時陪伴一旁，隨時留心安全。

2 **寶寶喜歡玩倒水遊戲，經常灑得滿地都是，你的反應是？** P.203

□告訴寶寶隨便玩倒水遊戲會把地板弄濕，不小心還會滑倒。

□不讓寶寶做倒水動作，每次都先倒好再給他。

□讓寶寶玩，等事後再帶寶寶一起把地板擦乾。

寶寶出生後動作發展4大部分

發展部分	大肌肉	平衡感	手腕
重點觀察時期	1歲、2歲、4歲	2~3歲	2~3歲
動作特徵	翻身、坐、爬、走路、上下坡路、上下樓梯、跑、跳、單腳站立	刻意走路肩或矮牆等高低不平的地方、喜歡提著或背著重物走路	倒水、玩沙子、搬椅子、擦桌子
配合遊戲	**35.** 找家 P.207	**36.** 小小體操運動員 P.208	**37.** 投球 P.210

3

2歲寶寶開始出現破壞物品的行為時，你的反應是？ P.204

□嚴詞警告寶寶不可以破壞物品。
□如果破壞的物品不是很貴重，就讓寶寶去玩。
□帶寶寶一起做勞作或遊戲，讓寶寶有宣洩的管道。

2~3歲
小肌肉
塞、插、舀、敲、塗、穿、擰、倒、剪
38. 用筷子吃飯 P.211

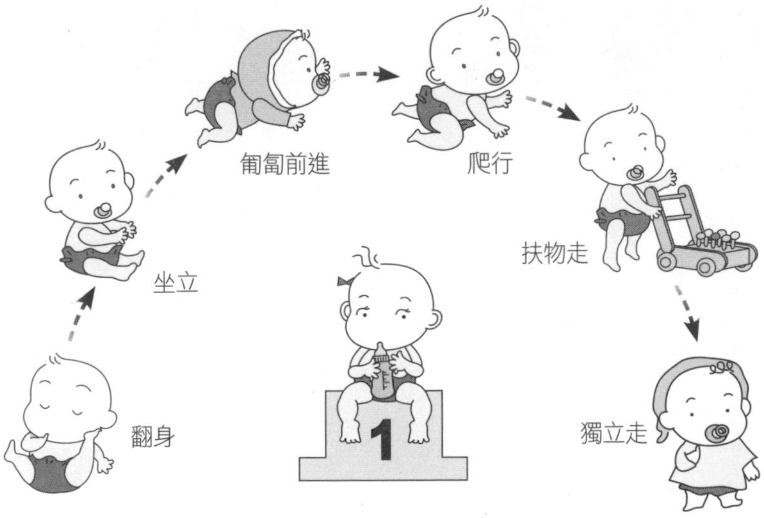

寶寶0~1歲大肌肉發展順序

運動，寶寶身心發展的重要養分

寶寶從出生至6歲，透過一連串動作的發展激發與生俱來的生命能力，在與環境的互動中，逐步健全和完善自己的發展。

兒童的發展不僅依靠心理的發展，也依靠身體的運動。運動為身體帶來健康，同時給心理帶來勇氣和自信。

Q 為何寶寶專門喜歡做「高難度」動作？

柔柔的大運動發展特別順暢，迎接了一個又一個嶄新的挑戰：無論翻身、坐、爬都非常靈活，1歲左右出現走的敏感期，喜歡變換不同的地點、方式到處漫遊。

會走之後的柔柔，有了新的挑戰：有一段時間柔柔特別喜歡走帶有坡度的路面，上坡時還算輕鬆，下坡時，柔柔有些緊張，剛開始她還不能很好地控制自己的身體，慢慢地，她下坡的速度愈來愈快了，輕鬆、自如，即便是有人突然出現在她面前，柔柔也能突然把腳步煞住……

柔柔4歲的時候，媽媽帶柔柔去社區健身區玩，柔柔靈活地玩跳跳床、吊單槓……像一個小小的體操運動員，靈活而遊刃有餘地做著各種運動，讓周圍的人驚歎。

蒙特梭利解讀

寶寶的大肌肉發展分為兩個階段，一種是無意識的反射，隨後是有意識但尚不成熟的初級運動，基礎運動要在寶寶2歲左右才出現。

寶寶有意識的運動是按照一定規律進行的，從身體的頂部到底部（從頭到腳趾），從裡面的脊柱到外面的手指尖（從裡向外）。

第一年內的運動里程碑：轉頭、抬頭，就是從頭到腳和從脊柱到指尖發展過程的最早表現之一。

下一步是發展形成控制脖子的能力，接著是發展形成

寶寶的運動是按照由裡向外、由上到下的順序進行發展，在肌肉協調的過程中，完成他所要學習的動作及所需的神經裝備。

控制肩部的能力，隨後再到上臂、肘和前臂。

寶寶先會翻身、坐立、匍匐前行、爬行、沿著傢俱走和放手走路，接下來會喜歡走上下坡路、喜歡上下樓梯，喜歡跳、跑、單腳站立、跳遠……

寶寶就是這樣，在肌肉逐漸協調的過程中，完成他所要學習的動作以及所需的神經裝備，為今後的學習打下基礎。

Q 為什麼寶寶老喜歡走路肩？

在媽媽的眼睛裡，冉冉是個好動、活潑的寶寶。

她似乎總是喜歡給自己增加麻煩。放著平坦的大馬路不走，冉冉偏偏喜歡走在路肩，看著她打開雙臂、努力保持著自己的平衡，一步一步小心翼翼地走在上面，因為緊張，小鼻頭都滲出了汗珠……

媽媽被冉冉專注的神情逗樂了：「這個傻孩子，何苦這樣為難自己呢？」

蒙特梭利解讀

寶寶特別喜歡走線，路肩上、花園的矮圍牆上……都能看到寶寶儘量保持穩定的搖擺身影，寶寶還特別喜歡提著或背著重物走路。

別小看了這些看似為難自己的動作，其實，寶寶是想借助這些動作，將控制身體平衡的能力與自身進行良好的結合。

平衡感是大腦、神經體系、身體和地心引力之間的一種協調能力，平衡感發展了，寶寶才可以平躺、翻身、坐、爬、站立，進而才能靈活操作大小肌肉，平衡感不佳的寶寶，連身體的站立都會變成一個大麻煩。

由此可見，平衡感是一切行動的基礎。

樂此不疲地不走「尋常路」，是寶寶在進行平衡能力的練習，也是她對自己分寸感、自信心、意志力的鍛鍊。

Q 寶寶為何不停地倒東西？

荳荳是個喜歡給自己找麻煩的寶寶。媽媽幫荳荳洗澡，她卻在澡盆裡用兩個洗髮精的蓋子不停地反覆倒水；奶奶給荳荳倒好果汁，荳荳卻喜歡拿來另一個杯子，把果汁在兩個

寶寶之所以走「路肩」，是在進行平衡能力的練習，也是他對自己分寸感、自信心、意志力的鍛鍊。

杯子裡倒來倒去；爸爸媽媽帶荳荳去看大海，沙灘上，荳荳用鏟子鏟沙子、用小桶倒沙子，樂此不疲；荳荳還喜歡把擺好的小椅子搬來搬去，特別喜歡幫媽媽掃地、擦桌子，雖然一開始荳荳常常會找麻煩，果汁灑一地、地越掃越髒、桌子越擦越花，但漸漸地，她的動作愈來愈準確、麻煩愈來愈少了。

蒙特梭利解讀

寶寶在動作發展的時期，除了鍛鍊大肌肉協調及隨意肌平衡的發展以外，還要讓寶寶的手腕及手指尖得以協調和發展。荳荳喜歡做的倒水、玩沙子、搬椅子、擦桌子等都是促進寶寶手腕靈活發展的練習。

媽媽平時可以讓寶寶做些簡單的、力所能及的家務，既滿足了寶寶動作敏感期手腕發展的內在需要，又可以鍛鍊寶寶的生活自理能力，可說是一舉兩得！

Q 寶寶為什麼喜歡「破壞」東西？

靜靜20個月了，被媽媽笑稱為「小破壞家」，為什麼這樣說呢？靜靜最近和家裡的門把較上了勁，樂此不疲地擰啊擰，結果讓爸爸連續換了四個門把手；靜靜還喜歡玩媽媽的口紅，插來插去，價格昂貴的口紅都插斷了，媽媽心疼得不得了；一段時間，靜靜又迷上了使用剪刀，把桌布、床單、爸爸的工作報告……都剪壞了。靜靜好像總是在變著花樣破壞著家裡的東西，真是拿她沒辦法啊！

蒙特梭利解讀

靜靜是存心破壞家裡的東西嗎？她喜歡擰門把、喜歡插口紅、喜歡剪東西，說明靜靜手部精細動作中擰、插、剪的敏感期分別到來了。

寶寶的敏感期到來的時候，內心會湧動一股無法抑制的熱情，這股熱情促使寶寶在環境中尋找可以滿足爆發需求的突破口。

因此，家裡的門把、媽媽的口紅、桌布、床單甚至是爸爸的工作報告，都成了寶寶在環境中找到的、可操作的教具，寶寶正是在反覆的操作中滿足了手部塞、插、舀、敲、塗、穿、擰、倒、剪等小肌肉動作的發展和提高。

想讓寶寶不再成為一個小小的「破壞家」嗎？注意觀察寶寶精細動作敏感期出現的時

觀察寶寶精細動作敏感期出現的時間，為他創設符合敏感力爆發需求的環境，孩子的敏感力得到宣洩，自然不會「破壞」家中的物品。

間，為寶寶創設符合敏感力爆發需求的環境，當寶寶的敏感力得到宣洩和發展後，自然就不會「破壞」家中的物品了。

幼兒時期是寶寶使自己的小手變得更加靈巧的關鍵階段，有著一雙精巧、靈活、協調雙手的寶寶，其智力、人格也一定更加優秀。

遊戲35 大肌肉發展

找家

遊戲目的

鍛鍊寶寶肢體大肌肉的協調發展，同時鍛鍊寶寶的注意力、模仿力、反應力。

遊戲玩法

- 媽媽用粉筆在地上畫兩個圓，圓的大小以媽媽和寶寶能夠雙腳跳進去為宜，大圓代表媽媽的家，小圓代表寶寶的家，遊戲開始。
- 媽媽和寶寶隨意在圈外活動，寶寶要模仿媽媽的任意動作，媽媽可走、跑、蹲、跳等，做各種各樣的動作讓寶寶模仿。
- 媽媽突然喊一句：「大灰狼來了！」這時，寶寶和媽媽要馬上跳回到自己的家裡，誰先回到家裡，誰就獲勝。
- 可以讓爸爸參加活動，請爸爸做大灰狼，媽媽喊：「狼來了！」之後，寶寶和媽媽一起往圈裡跑，跑得慢的就會被「大灰狼」吃掉。
- 愛心提示：爸爸扮演的大灰狼不要太過可怕，以免嚇到寶寶。

遊戲 36

平衡感發展

小小體操運動員

遊戲目的

促進寶寶平衡感的協調發展，滿足寶寶運動敏感期中平衡的爆發需求，促進全身肌肉的協調控制，培養寶寶的勇敢精神。

遊戲玩法

- 整理出一個較大的遊戲空間，媽媽用膠帶黏出一條線，讓寶寶踩在膠帶上行走，腳儘量不要踩在膠帶的外面。
- 告訴寶寶一些掌握平衡的方法，如雙臂伸平，手握一根小棍棒保持平衡等。
- 媽媽可以增加寶寶走線的難度，比如走直線、走曲線或一些不規則的線條。
- 扶寶寶在路肩上行走，保護好寶寶的安全，走路肩的時候，一定要選擇車少人少的時間。
- 慢慢過渡到離地面有一定距離的平衡木上進行練習。
- 媽媽開始扶著寶寶的手，逐漸鼓勵寶寶自己雙臂張開，獨立行走，還可以讓寶寶舉左手，右腳獨立，或嘗試轉一圈，甚至可以讓寶寶頭頂絨毛玩具來增加難度。

・活動內容要循序漸進，應特別注意寶寶的安全。

遊戲37

手腕發展

投球

遊戲目的

鍛鍊寶寶手腕的靈活性及手眼協調的能力。

遊戲玩法

- 將洗衣機、電冰箱的廢舊紙箱拿來，在上面畫上一個小丑的五官。
- 將小丑的嘴巴、眼睛和帽子上的球挖空，這樣小丑的臉上就出現了大小不同的洞。將小丑的鼻子、帽子等塗上漂亮的顏色，面具靠在一面牆上，再為寶寶準備一些海綿、小球，或將乾淨的襪子捲成團兒，讓寶寶將球投進小丑面具的洞裡。
- 寶寶開始練習時，能投進小丑嘴巴的大洞裡就已經很不錯了，待寶寶熟練之後，再請寶寶將球投進小丑的眼睛等小洞裡。
- 還可以在小丑的面具上設計大小不同的五個洞，並根據洞的大小得到不同的分數，增加遊戲的興趣。
- 另外，投擲物不要準備堅硬的東西，以免寶寶打壞家中的物品。

遊戲38

小肌肉發展

用筷子吃飯

遊戲目的

培養寶寶三指的靈活配合，為書寫做準備，促進手眼協調及小肌肉的發展。

遊戲玩法

- 讓寶寶儘早使用筷子，會有多種好處：拇、食、中指的配合，促進了小肌肉的發展；同時刺激大腦皮質相應區域的發育；在寶寶使用筷子的過程中，手、眼的配合訓練又發展了寶寶的知覺和具體思維能力，使寶寶有可能發展更加複雜的動作；另外，及早靈活使用筷子，對儘快學會握筆有著深遠的影響；還可以促進寶寶生活自理能力的提高。
- 如何讓寶寶儘快使用筷子呢：首先，練習使用筷子的基礎是寶寶先熟練使用湯匙。之後，準備一雙筷子，教給寶寶正確的拿法：用拇指、食指操縱第一根筷子，用中指穩定第二根筷子。
- 先讓寶寶用筷子練習夾起大一些的固體，如海綿塊、紅棗等，再練習夾沒煮的通心粉等，可以假裝讓寶寶夾東西餵給娃娃吃。

• 在飯桌上，逐漸讓寶寶練習用筷子吃飯，只要寶寶能將食物送進嘴裡即可，媽媽要有足夠的耐心將殘局收拾乾淨。

• 寶寶練習使用筷子時，媽媽要在一旁觀察，以免寶寶把媽媽準備的海綿塊、通心粉塞進嘴裡，發生危險。

第7章 2~6歲

社會化發展敏感期

2歲寶寶開始學會對大人「唱反調」。爸媽先別氣惱，這代表寶寶的社會化敏感期可能已經到了。寶寶的社會化發展敏感期有哪些徵狀，爸媽又該如何抓緊這個時期，引導寶寶發展良好的人際關係呢？

本章先介紹寶寶出生後的社會化三大發展階段，瞭解此時寶寶的心理發展與爸媽的注意事項，配合四款親子互動遊戲，打造「合群有禮」的寶寶！

請注意！

當寶寶出現以下狀況，
代表他（她）已經進入社會化發展敏感期嘍！

敏感期徵兆：會和大人「唱反調」、對於「我的東西」特別執著、喜歡與人交換東西、組成小團體、詢問大人「我從哪裡來的」、有喜歡的異性……

社會化發展敏感期 檢測表

2～6歲的寶寶正面臨了社會化發展敏感期。進入本章前，請爸媽先勾選這份檢測表，確認寶寶的社會化發展，並進一步瞭解自己對於寶寶的敏感期發展，是否做出確切的應對。（各題末頁碼標示，如P.029為本書相關主題的參閱頁碼）

1 2歲寶寶出現不喜與他人分享物品的表現，你的反應是？ P.220

□告訴寶寶不可以變成小氣鬼，否則會被他人討厭。
□如果寶寶不情願，就不過度勉強他。
□擔心寶寶變得「自私」，柔聲勸告他要「分享」才會討人喜歡。

2 寶寶上幼稚園後，經常拿家裡較好的玩具隨便和人交換，你的反應是？ P.223

□提醒寶寶家裡的玩具比較昂貴，隨便跟人交換實在太可惜了。
□嚴格禁止寶寶帶玩具去幼稚園，以免被人換走。
□尊重寶寶的決定。

寶寶出生後社會化發展3大階段

年齡	階段名稱	社會化發展特徵	配合遊戲
0～2歲	親子依戀關係建立期	與爸媽之間的親子關係，會影響寶寶的社交、情感和智慧發展。若寶寶得到溫暖、安全感的回應，就會懂得人際關係是值得建立的。	39. 一起「烙燒餅」 P.234
2歲	自我意識萌芽期	寶寶擺脫對成人的依賴，開始要求精神上的獨立。對自我的萌芽，讓寶寶呈現以自我為中心的傾向。	

3

5～6歲寶寶老是喜歡組成小團體一起行動，你的反應是？ P.225

□告訴寶寶應該對每一個人一視同仁，不要只跟特定人玩耍。

□喜歡小團體行動的孩子通常都會欺負其他人，要避免讓孩子組成小團體。

□不特別加以制止，讓孩子在與他人交往中學習人際關係的相處。

2歲～6歲

社會關係建立期

寶寶開始藉由交換、分享與人建立關係。不再滿足於一對一的交往，會三五成群在小團體中學習人際關係。此時，也會開始注意到男女有別，並有愛慕的對象。

社會性發展，父母送給寶寶最實用的禮物

寶寶與父母親之間建立的親子關係，是寶寶人生中最早體驗到的關係，同時也是人際關係中最為重要的一環，是孩子社會性良性發展的重要基石。

2～6歲是寶寶社會性發展的敏感時期，為了讓寶寶將來能夠順暢、自然地融入社會，一生自在快樂地成長，家長首先要和寶寶建立起良好、親密的依戀關係，為寶寶提供有系統的品德教育環境。

爸媽要規範自己的美德、語言及言行，為寶寶做好表率，同時豐富寶寶人際關係的生活經驗，培養寶寶能平和地與人相處、與人交往、與人溝通，讓孩子在認識自我、建構自我的過程中瞭解社會、認識社會，最終融入和適應社會。

社會性的發展不僅是幼兒階段的教育，更是在為寶寶今後整個人生的發展做著積極的準備。

良好的社會性發展——是父母送給寶寶最獨特、最實用的、愛的禮物！

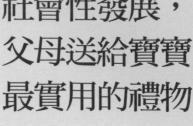

Q

為什麼孩子睡覺總愛含著小毛巾被？

純純已經4歲多了，出生後不久就被送到爺爺奶奶家，是爺爺奶奶一手帶大的。可能是覺得虧欠女兒吧，爸媽給純純買了很多高檔的玩具、漂亮的衣服，可純純的脾氣非常差，經常對著家人大吼大叫，稍有一個不順心就滿地打滾。

純純還有一個怪毛病，睡覺時必須抱著她專屬的小毛巾被，還要把毛巾被的一角含在嘴裡才能入眠。一次，媽媽嘗試著把毛巾被拿開，純純大發脾氣，又哭又鬧，最終還是掛著眼淚、含著毛巾被的一角進入了夢鄉……

蒙特梭利解讀

如果在寶寶生活的早期未能和爸媽建立起正常的依戀關係，毛巾、玩具熊這樣替代爸媽的物品就會具有爸媽的功能，帶給他安全感。

2～6歲是寶寶社會性發展的敏感時期，家長要和寶寶建立起良好的依戀關係，為寶寶提供有系統的品德教育環境。

純純的行為，是典型缺乏愛和安全感的表現。也許純純的爸媽會覺得很委屈，他們一定認為自己是愛孩子的，毫不吝惜地給純純大把大把地花錢，殊不知，豐裕的物質刺激並不是對寶寶真正的愛，純純缺乏的是與父母之間良好的親子依戀關係，**壞脾氣、戀物癖恰恰是寶寶缺乏愛、依戀和安全感的外在表現。**

寶寶與父母親之間建立的親子關係是寶寶人生中最早體驗到的關係，同時也是人際關係中最為重要的一環，試想一個連與父母親之間的親子關係都沒有建立好的人，怎麼可能構建更加豐富的人際關係？

由此可見，親子關係是寶寶一生中一連串與他人良好關係的基礎，是寶寶社會性良性發展的重要基石。

Q 為什麼喜歡和爸媽「唱反調」？

小寶2歲了，最近總是喜歡和爸媽唱反調，讓他往東偏往西，最喜歡說的一句話就是：「不！」奶奶讓小寶吃飯、媽媽讓小寶喝水，小寶的回答肯定是：「不！不要！」爸爸發現了兒子的規律，於是，一幕有趣的好戲上演了。

爸爸：小寶，趕快去喝水。

小寶：不！不要！

爸爸：小寶，不要喝水啊！

小寶：要喝水！（說完，迅速把水喝光，還得意地看著爸爸）

爸爸：小寶，我們出去玩，和奶奶說再見！

小寶：不！不要！

爸爸：我們出去玩，不要和奶奶說再見。

小寶大聲說：奶——奶——再——見！（再得意地、挑釁地看看爸爸）

爸爸：不要親親奶奶喲！

小寶得意地攬過奶奶，使勁兒親上一口，心滿意足地和爸爸媽媽出去玩了。

蒙特梭利解讀

多麼聰明的父親啊，他巧妙地化解了兒子的小小反抗，既讓寶寶在反抗中滿足了自我意識建立敏感期的爆發需求，同時也輕而易舉地學會了禮儀。看來，只要瞭解了寶寶社會發展的敏感期，不須時時和寶寶鬥智鬥勇，就能讓寶寶享受喜悅、健康的童年，也能

親子關係是寶寶一生中一連串與他人良好關係的基礎，是寶寶社會性良性發展的重要基石。

使爸媽輕鬆、愉悅地應對。

Q 孩子為什麼變得愈來愈自私？

毛毛2歲多了，媽媽覺得最近毛毛的表現愈來愈自私，已經到了非好好教育不可的地步。一天，家裡來了幾個小朋友，毛毛不許別人吃東西、喝水，玩具不讓人家碰，書不許翻，連椅子都不讓其他人坐，嘴裡一直說著：「我的，這是我的！」弄得大家都覺得沒趣。媽媽覺得非常難堪，可是毛毛依然我行我素，不以為然。

蒙特梭利解讀

其實，毛毛的行為和自私是毫無關係的。首先，我們要弄清楚自私和自我的區別。自私是指當利益發生衝突時，選擇損害他人利益而滿足自己的利益。自我是指一個人按照自己的心理、意願、意志、情感支配自己的行動，行使自己的計畫。寶寶自主意識開始萌芽，心理狀態呈現自我中心性，他認為是他的東西別人就不能碰。由此可見，毛毛的行為不是自私，是自我的發現和誕生，是寶寶走向獨立、建構自我的良好開端。家長要以行動來幫助寶寶，和他一起分享食物，請別的小朋友帶玩具來家裡和他一起玩。

寶寶建構自我、發展為獨立個體的里程碑

＊臍帶剪斷的那一刻，意味著寶寶不再依賴母體而獨立存活。

＊6個月左右，寶寶進入斷奶期，在獨立的路上又邁進了一步，可以從大自然的食物中獲取營養，不再單純依賴母乳而生存，他們似乎在說：「我們能夠離開母親了，我們能夠獨立地生活了。」

＊寶寶一旦開始說話，就能夠表達自己的需求而不再依賴別人，從某種意義上說，他已經是人類成員之一，寶寶掌握了語言，就開始了社會交流，這又是一次獨立的飛躍。

＊1歲左右，寶寶開始行走，這是寶寶的第二次出生，可以不必依賴任何人，讓自己到達任何地方。

＊2歲左右，寶寶逐步擺脫對成人的依賴之後，就會要求精神上的獨立，寶寶開始以自我為中心，在意志上想把自我和他人區分開，凡事要自己做，故意以「不」來反抗成人的意見，其實，**這個時期的「不」是寶寶人生中的第一個獨立宣言**。

2歲左右，寶寶逐步擺脫對成人的依賴，就會要求精神上的獨立，開始以自我為中心，想把自我和他人區分開，凡事要自己做。

由此可見，寶寶在自然法則的感召下，一刻不停地形成著自我，走著自己要走的路。寶寶會在互動、交往、滿足的過程中對周圍的人和環境產生信任和依賴，心滿意足會使他變得平和、專注，當寶寶在建構自我的過程中形成良好的意志，更高層次的獨立也會隨之而來，獨立會促使孩子用自己的眼睛瞭解和認識世界，融入和適應社會。

Q 寶寶的巧克力，為何媽媽也不能咬太多？

輝輝喜歡吃巧克力，一次，媽媽給他買了好幾塊，想讓兒子學會分享，讓輝輝把巧克力分給家人吃。輝輝把巧克力攥得緊緊的，一個勁地說：「我的，媽媽給輝輝買的！」媽媽有些著急：「讓媽媽吃一塊吧，巧克力是媽媽買的啊！怎麼也得讓媽媽吃一塊吧？」好說歹說，輝輝讓媽媽咬了一口，媽媽剛咬完，輝輝就急哭了，原來是埋怨媽媽這一口咬得太多了。接下來，輝輝更過分了，他把剩下的巧克力都藏了起來，看到兒子一副「小氣」的樣子，真是讓媽媽又氣又笑。

蒙特梭利解讀

寶寶自我形成的早期，一定是從強烈地佔有可觸摸到的東西開始。寶寶先確定「我的」東西，一步步建構從具體的「我的」到意識的「我的」直到無形的自我，在藏匿佔有物的過程中強化「我的」概念。

2歲以後，當寶寶會說出「我」、「你」以後，自我意識的發展又上了一個新階段。這時，寶寶不再把自己當作一個客體來認識，而是真正把自己當作了一個主體。而屬於自己的東西也會認為是「我的」。

大多數家長期望讓自己的寶寶學會分享，但在寶寶自我形成的敏感期之內還是不要太勉強他。如果家長強迫寶寶與他人分享，會讓寶寶產生強烈的不安全感，在這種不安全感的影響下，寶寶的自我意識不僅得不到健全的發展，還會阻礙寶寶人格的發展，試想一個正當權利經常受到他人侵犯的人，又怎麼可能建立起強大的內心呢？

Q 為何拿精美的車子模型跟別人交換小破車？

凱凱特別喜歡汽車，爸爸為他買了一座汽車城，汽車城的每一個停車場裡都停著一輛精美、漂亮的汽車模型，凱凱每次從幼稚園回家都會在汽車城前玩一會兒。

家長強迫寶寶與他人分享，會讓寶寶產生強烈的不安全感，孩子的自我意識不僅得不到健全的發展，還會阻礙其人格的發展。

最近，媽媽發現汽車城裡的汽車模型愈來愈少了，看著停車場裡幾輛塑膠小破車，媽媽連忙問汽車哪兒去了，凱凱輕描淡寫地說：「和小朋友換了。」什麼？換了？這些精美的汽車模型可是爸爸從世界各地為兒子蒐集過來的，就這樣輕易地被兒子換成了小破車，這交換也太不平等了吧！

蒙特梭利解讀

一對一的交換玩具或食物，代表寶寶人際關係敏感期的開始，這是寶寶成長和發展過程中一個非常重要的需求。

人類是依賴各種關係生存於這個世界的，寶寶人際關係敏感期的順利發展將為他一生中人際關係的良性發展，奠定至關重要的基礎。

寶寶人際關係的交往也遵循著有形到無形的聯繫、感受、體會、內化與感悟。起先，寶寶是通過食物建立彼此之間的連接，通過分享我帶來的好吃點心，交到更多好朋友。

不久之後，寶寶就會發現其中的祕密，有好吃的，就有朋友，吃完了，朋友就有可能變成了其他人的好朋友。

於是，交換上升到另一個階段，發展到用一個不會很快消失的玩具來和周圍的小朋友建立連結與友誼，這時的寶寶是最讓家長頭疼的。

但寶寶就是在這種看似不平等的交換中摸索和建構與他人交往的尺度和關係。接下來，寶寶又會在交往的過程中體會到，玩具也不能真正維繫一段長久的友誼，這時他的人際交往就又上升了一層。

寶寶會在不停變換的角度與角色中，摸索出真正和諧的人際交往狀態，最終找到志趣相投、彼此理解、彼此關愛的好朋友。

Q 小小年紀也會搞「小團體」？

可人、嬌嬌、依依和妞妞同在一間幼稚園，都是大班的小朋友，平時在班上，她們四個人就總是在一起玩，恰巧因為四個小朋友住在同一個社區，更是讓她們形影不離。

一天，因為一點兒小彆扭，可人對其他人說：「我們不理嬌嬌了！別和她一起玩！」嬌嬌以為小團體要「拋棄」她了，緊張得吃不下飯、睡不著覺，把媽媽急得不得了，直到小團體重新接受了嬌嬌，才讓她重新快樂起來。

一對一的交換玩具或食物，代表寶寶人際關係敏感期的開始，這是寶寶成長和發展過程中一個非常重要的需求。

蒙特梭利解讀

隨著寶寶人際關係的成熟交往，5～6歲的寶寶會逐漸進入交際的敏感期，這時的寶寶已不再滿足於一對一的交往，而是開始三五成群地在小團體中和諧交往、相互依賴、相互關愛，形成愉悅、默契的合作關係，在與小夥伴的交往中，寶寶學會了寬容、忍耐、平等、自由。

寶寶開始對規則產生興趣，在建立規則、實現承諾的過程中，調整自我、完善關係；寶寶開始學習怎樣說話、怎樣判斷、怎樣處理和解決問題、怎樣平衡自己、怎樣把握他人；社會性發展敏感期之內的關係、交往，奠定了寶寶人際智慧的基礎。

Q 寶寶為何喜歡問：「我從哪裡來？」

棒棒經常會冒出一些讓大人無法回答的問題，或出其不意地說些話、做些事。

棒棒：媽媽，我是從哪裡來的？

媽媽：從媽媽肚子裡出來的。

棒棒：我是怎樣進到媽媽肚子裡的？

媽媽：是在媽媽和爸爸最相愛的時候進到媽媽肚子裡的。

棒棒：那爸爸和媽媽是怎樣相愛的呢？

媽媽：……（這讓我怎麼回答啊！）

棒棒：媽媽，你等著我，我長大了要和你結婚！（媽媽竊喜）

（過了一陣子）

棒棒：媽媽，我不和你結婚了，我要和我們班的美美結婚！

媽媽：……（這麼快就移情別戀了？）

媽媽：美美喜歡你嗎？

棒棒：我不知道，她也喜歡球球。

媽媽：……（啊？兒子陷入了三角戀？）

媽媽：可是，美美只能選擇一個人結婚啊？

棒棒：沒關係，美美有選擇的權利。

媽媽：……（夠大氣！夠深明大義！）

棒棒：媽媽，我怎麼站著尿尿？你為什麼坐著？

5～6歲的寶寶不再滿足於一對一的交往，開始三五成群地在小團隊中和諧交往，形成愉悅、默契的合作關係。

媽媽：因為棒棒是男孩，有小雞雞啊，這樣就可以站著小便了。媽媽是女的，沒有小雞雞，當然要坐著或蹲著小便了。

（看著棒棒的畫）

媽媽：棒棒，你怎麼給員警叔叔都畫上了小雞雞？

棒棒：因為他們都是男的啊。

媽媽：……（天啊！這樣的隱私也可以被畫出來啊？）

蒙特梭利解讀

隨著寶寶與人交往，從嗓音、髮型、穿著、舉止、生殖器官等各方面讓寶寶有了男人和女人的區分，這類在成人世界裡包含著太多世俗、道德、隱私和難以啟齒的問題，在寶寶的世界裡是那麼純真與無邪，對寶寶來說，在追問自己來自何處的過程中，在對身體和性別的探索過程中，寶寶坦然地接納了自己，認可了自己。

在確認了自己的身分之後，寶寶開始關注男女差別、關注服飾舉止，為積累成人時的人格特徵做積極的準備。

隨著寶寶社會性的發展，情感的敏感期會讓寶寶的愛意顯現得愈來愈明顯，寶寶首先會說要和自己的爸媽結婚，之後移情別戀愛上他心儀的夥伴。

特別是5歲之後的寶寶，婚姻的對象一般都會有明顯的傾向性，也會「為情所困」、「為愛苦惱」。此時的家長不必緊張，首先要以正確的態度寬容看待寶寶的「戀愛」和「結婚」，其次引導寶寶對婚姻關係有更加深刻的理解，傳達給寶寶正確的婚姻觀念，讓寶寶學會怎樣去愛別人和怎樣接受別人的愛。

寶寶社會性發展的步驟是由自我向他人、由他人向社會的發展過程，先認識自我，瞭解他人；然後瞭解社會，認識社會；最後才是在社會中生活和發展。

寶寶的社會性發展是寶寶今後成人、成才的必經之路，家長作為寶寶的第一位老師，要抓住寶寶社會性發展的敏感期，加以引導和協助，並提供可交流互動的機會。良好的社會性發展，會為寶寶一生的發展打下堅實的成材根基。

寶寶社會性發展的步驟是由自我向他人、由他人向社會的發展過程，良好的社會性發展，會為寶寶一生的發展打下堅實的成材根基。

良好的親子依戀關係，影響寶寶的一生

寶寶在建立依戀關係時的經歷，
會對他一生的發展產生影響，
這種影響會出現於寶寶今後處理日常人際交往、價值體系的建立，
以及如何尋找快樂的選擇過程中。

依戀是在寶寶生活最初的兩年內，與主要養育者之間建立的一種關係。

依戀的品質會影響到寶寶的社交、情感和智慧發展。如果寶寶對依戀的努力最終換來的是溫暖、受保護和健康，他就會懂得其他人是有價值的，並且知道人際關係是值得建立的。

在和其他人進行交往的基礎上，他們會學習如何組織、處理他們的各種衝動，還會發展形成一種系統，用以促進與他人的交往。

但是，如果寶寶對依戀的努力換來的是痛苦、失望和冷落，他則會「學習」逃避他人，逃避與他人交往，並尋找其他方法來處理他與周圍環境的關係，寶寶有可能永遠再也不會依靠朋友來給他安慰，還有可能完全按照他的衝動來尋求保護自己或者探索外部環境，而這種舉動很有可能損害或侵犯到他人的權益。

所以，從某種程度上來講，寶寶在建立依戀關係時的經歷會對他一生的發展產生影響，這種影響會出現於寶寶今後處理日常人際交往、價值體系的建立以及如何尋找快樂的選擇過程中。

依戀的形成為寶寶上了第一次、也是終身受益的一堂課，他們可以從中學會如何作為單獨的個體平靜地生活，同時又與親近的朋友保持彼此間的（情感）聯繫。

關鍵1 瞭解寶寶社會性發展的過程，適時配合和引導

在寶寶自我建構的過程中理解、尊重寶寶的行為，不強迫寶寶「分享」，強化私有觀念，促使寶寶自我意識的飛速發展；允許寶寶的不平等交換，鼓勵寶寶在交換中提高社交能力。

讀懂寶寶性別敏感期的行為，加以良好的引導，幫助寶寶確認自己的身分，並通過寶寶喜歡的偶像內化人格特徵，塑造自我；以科學的態度向寶寶講述生命的起源，為寶寶建立更好的婚姻觀念、愛的觀念及豐富的情緒。

如果寶寶對依戀的努力最終換來的是溫暖、受保護和健康，他就會懂得其他人是有價值的，而且人際關係是值得建立的。

關鍵2

為寶寶創設良好豐富、自由探索、交往的環境和機會

創設符合社會行為規範的家庭環境氛圍，父母要成為孩子遵守社會行為規範的楷模，對自己不符合社會道德、風俗、習慣、禮節等的行為要加以調控。不說違背社會公德的話，不做違背社會法紀的事情，對寶寶學習社會行為規範起到重要的榜樣作用。

對寶寶進行遵守社會行為規範的訓練。

首先，可從寶寶日常生活中的一點一滴中建立規矩，對寶寶進行養成教育。如對人有禮貌、說話和氣、不耍脾氣、不吵鬧、不打人、不罵人、不說粗話、不拿他人東西、不隨意摔東西、不折公共場所的花草樹木等。其次，父母要與寶寶共同遵守規矩，促進寶寶遵守社會行為規範。

在家中給寶寶創造機會，讓他做力所能及的事情，如協助家長做家務、照看小動物、照顧作客的客人及小朋友等，鍛鍊寶寶自理生活能力的同時促進寶寶社會性的發展。

父母要以正確的交往態度和方式與人交往，使寶寶在父母的交往活動中逐步學習和掌握與人交往的行為準則。

發展寶寶與同伴之間的交往關係，為寶寶創設交換、分享、交往、「大帶小（大寶寶照顧小寶寶）」等不同的交往空間和機會。

關鍵3

多和寶寶玩親子、社會性遊戲

多和寶寶玩角色扮演遊戲，分別扮演醫生、教師、清潔工、理髮師等，讓寶寶通過各種角色扮演瞭解社會規則，學習社會行為，體會社會性情感，使寶寶的社會化行為得到強化。

引導寶寶走向社會、融入社會，更認識社會，帶他參觀各行各業人們的勞動，如到社區的大街、超市、公園、銀行、菜市場、社區文化中心等地參觀，萌發寶寶熱愛勞動、尊重勞動成果的情感。

在實際生活中對寶寶進行以自覺地幫助他人為目的的親社會行為：尊敬師長、孝敬長輩、關心他人、對人謙讓；為陌生人指路、給老人讓座、扶盲人過馬路等；帶寶寶參加環保、獻愛心等社會活動，促進社會化的良性發展。

父母要以正確的交往態度和方式與人交往，使寶寶在父母的交往活動中，逐步學習與人交往的行為準則。

遊戲39

親子關係培養

一起「烙燒餅」

遊戲目的

愉悅寶寶情緒，增強親子感情，利於親子關係的建立。

遊戲玩法

• 讓寶寶躺在床上，媽媽把雙手放在寶寶的身體下面臀部和頸部的地方，一邊唸兒歌一邊給寶寶翻身。

烙、烙、烙燒餅，烙出一個大燒餅，
翻、翻、翻燒餅，翻了一下又一下，
呦！燒餅烙熟了，燒餅香噴噴。

• 唸兒歌時，要有節奏地給寶寶翻身，當兒歌唸到最後一句，媽媽要用力親在寶寶的後背上、肚子上、小胸脯上等，逗笑寶寶。

• 需要注意的是，媽媽給寶寶翻身的速度不要太快，以免寶寶不舒服。

遊戲40
性別認知

我是男孩，她是女孩

遊戲目的

讓寶寶知道自己的性別，能區分男孩、女孩，增加對自我及性別的認識。

遊戲玩法

・給寶寶唸一首小兒歌。

我是小女孩，穿著花裙子，紮著小辮子，
別著花髮夾，乾淨又美麗。
我是男孩子，男孩剪短髮，男孩穿褲子，
勇敢又大方，摔倒再爬起。

・可以找一些男孩、女孩的圖畫，幫助寶寶找到男孩、女孩的明顯特徵，並且把男孩、女孩共有的特徵告訴寶寶，比如：自己穿衣，自己吃飯，有玩具大家玩，不哭也不鬧，愛乾淨懂禮貌……

• 寶寶認識男孩、女孩之後，還可以讓寶寶對家裡的人進行分類，哪些是男人，哪些是女人，問寶寶從哪裡看出來的，啟發寶寶的思維。

• 家長平時不要在寶寶面前講一些負面影響的語言，例如女孩不聰明、愛哭，不如男孩子勇敢等，因為男孩子為了突出勇敢和聰明的特質，反而容易產生多動、好攻擊的個性。

遊戲41

禮貌培養

做個孝敬長輩的小可愛

遊戲目的

培養寶寶孝敬長輩、關心他人的良好品德，並促進寶寶生活自理能力的提高。

遊戲玩法

- 媽媽為寶寶說一首小兒歌。

媽媽回到家，上班辛苦啦，
我為媽媽拿拖鞋，媽媽歇歇吧！
奶奶年紀大，腰痠背又痛，
我給奶奶捶捶背，奶奶不疼啦！
爺爺在種花，我送小椅凳，
再幫爺爺澆澆水，爺爺不累啦！
爸爸愛看報，我來把報拿，

開開小報箱，報紙送爸爸，
全家愛寶寶，寶寶愛全家，
從小學會愛，全家樂哈哈！

- 要讓寶寶學會關心家人，第一次捶背可能需要成人的提醒，經過幾次之後，寶寶就會自己懂得關心他人。
- 為寶寶創設關心他人的環境，比如媽媽揀菜、爺爺種花故意不坐凳子，引導寶寶把凳子拿過去；幫助家人拿報紙、拿牛奶時，還可以讓寶寶觀察報箱、牛奶箱的作用，使寶寶的社會知識得到不斷的延伸。
- 此遊戲要循序漸進地進行，社會行為的培養和發展不是一朝一夕便可完成的，需要家人持續的努力，並不斷為寶寶創設提供成長的環境。

遊戲42

禮貌培養

請客人喝茶

遊戲目的

培養寶寶大方有禮貌，學習接待客人的禮節，同時培養寶寶的精細動作及秩序感。

遊戲玩法

- 家中來客人了，正好借此讓寶寶學習待客之道，做一個有禮貌的孩子。
- 學習為客人沏茶，並大方禮貌地招待客人。
- 用小勺舀一勺茶葉，放到茶壺裡。在媽媽的幫助下，在茶壺裡倒上開水，將茶葉浸泡、沏開。
- 當茶葉飄出香味時，開始為客人倒茶：一隻手抓住茶壺的把兒，另一隻手的食指、中指同時按住茶壺蓋，將茶壺傾斜，使茶水倒入茶杯裡。
- 最後，逐一將茶杯端到客人面前，禮貌地說：「阿姨（或叔叔等），請喝茶！」
- 寶寶操作的過程中，爸媽隨時觀察，注意寶寶的安全，並和客人一起讚美寶寶。
- 家長還可延伸遊戲內容，除讓寶寶懂得待客之道，還要知曉到別人家作客的禮儀。

第8章 3.5~4.5歲
書寫敏感期

幼稚園大班的孩子為配合小學一年級的銜接，被迫學習寫字，拐七扭八的數字和筆劃複雜的漢字，都使寶寶望而卻步。爸媽若能夠抓緊孩子的書寫敏感期，及早提供良好的引導，寶寶自然就能掌握書寫的訣竅，對學習充滿自信。

本章先介紹寶寶書寫敏感期的徵兆，提醒爸媽注意事項，再配合兩款親子互動遊戲，讓你打造「一手好字」的寶寶！

請注意！

當寶寶出現以下狀況，
代表他（她）已經進入書寫敏感期嘍！

敏感期徵兆：喜歡隨處塗鴉亂畫、對「書寫」表現極大熱情……

書寫敏感期檢測表

3.5～4.5歲的寶寶正面臨了書寫敏感期。進入本章前，請爸媽先勾選這份檢測表，確認寶寶的書寫發展，並進一步瞭解自己對於寶寶的敏感期發展，是否做出確切的應對。（各題末頁碼標示，如P.029為本書相關主題的參閱頁碼）

1 4歲的寶寶在牆上胡亂塗鴉，你的反應是？ P.248

□斥責寶寶不可以隨便亂畫在牆上，並警告他今後不准再犯，不然要處罰。
□誇獎寶寶的「傑作」，並引導他畫在紙張上。
□處罰寶寶自己拿抹布去善後，讓他學會教訓。

2 4～5歲的寶寶常宣稱自己的亂寫亂畫是在「寫字」，你的反應是？ P.245

□一笑置之，不太在意。
□正確的寫字要及早養成，手把手教寶寶寫，直到寫出正確的字為止。
□鼓勵寶寶繼續寫，並同時透過親子活動鍛鍊小手肌肉的發展。

寶寶的書寫發展3大關鍵期

年齡	階段名稱	徵兆與注意事項	配合遊戲
3歲	書寫預備期	在動作敏感期內，訓練寶寶的手腕與小肌肉發展。為即將到來的書寫期做好預備。	43. 撕圖形 P.253 44. 夾球比賽 P.255
4歲	書寫爆發期	寶寶開始展現對書寫的熱情，家長不應打擾，要讓孩子盡情享受書寫的樂趣。	

3

寶寶沉迷於寫字遊戲，一直不停寫寫畫畫，你的反應是？

P.247

□婉言打斷寶寶，告訴他做任何事都要適可而止。
□告訴寶寶寫字一天三十分鐘就好，字寫多了反而會傷害眼睛。
□注意寶寶寫字姿勢，若無不妥，讓他盡情書寫無妨。

6～7歲
動作敏感喪失期
此時期兒童的手若沒有經過事先的適當訓練，就會喪失動作的敏感性，此時家長再強迫孩子學寫字，只能達到事倍功半的效果。

讓書寫不再變成寶寶難以掌握的負擔

動作敏感期內手腕及小肌肉能力得到良好發展的寶寶，
書寫的敏感期就會提前，
因為書寫對於寶寶來說，
不過是一件自然而然、水到渠成的事情。

大自然已經賦予了寶寶完善自己的能力，每個寶寶內心都會有一個建構成長的時刻表，何不在寶寶書寫敏感期來臨的時候，讓寶寶通過內在導師的指引，從周圍環境中獲得專注的能力，自發地活動，自主地選擇工作，從而簡單、順暢地掌握書寫的能力呢，如果可以這樣，寫字將不再成為寶寶的負擔。

讓我們以科學的方式引導寶寶自動、自發地學習吧，如此一來，寫字將不再成為孩子生命中難以控制和掌握的負擔，而是水到渠成的自然成果，成為探索感知的奇妙體驗！

Q 寶寶為何愛寫「甲骨文」？

文文4歲多了，最近，她總是喜歡趴在家裡的書桌上，像模像樣地、認真地寫著什麼。

媽媽湊過去看，文文一臉自豪地說：「媽媽，看我寫的字漂亮嗎？」媽媽簡直看不懂女兒寫的「甲骨文」，那不過是一些橫豎的線段組合，明明就是亂畫嘛。文文卻指著自己的「甲骨文」興奮地告訴媽媽：「這是一、二……這是文文，這是『小美人』三個字，因為文文就是一個小美人啊！」聽著文文的解釋，看著她認真的神情和令人難解的「甲骨文」，媽媽真是哭笑不得。

蒙特梭利解讀

如果你家有個小寶寶，你是否曾在寶寶4～5歲的時候收藏過他（她）的「甲骨文」作品呢？**4歲多的寶寶特別喜歡亂寫亂畫，而且常常認真地把自己畫出的內容稱之為寫字。**就像可愛的文文，把橫豎的線段組合說成是「小美人」三個字。此時爸媽可別把孩子的做法看成一件荒唐可笑的事情，其實，這正說明寶寶繪畫與書寫的敏感期已經悄悄來臨了，他（她）正在以一種全新的方式體會書寫所帶來的快樂。

家長若能順應孩子的敏感期，以科學的方式引導寶寶自發地學習寫字，寫字將不再成為孩子難以控制和掌握的負擔。

Q 小小年紀也會製作自己的名片？

一天，佑佑看到了爸爸的名片，非常感興趣，找來了和名片大小差不多的紙片，歪七扭八地寫上了「佑佑」，還在名字旁邊畫了一個小人，表示自己。佑佑把名片送給了奶奶，奶奶驚訝地說：「佑佑真能幹，都有自己的名片了！」接下來的佑佑一發不可收拾，不停地寫寫畫畫，忙著製作自己的名片，足足寫到晚上十點鐘，終於累得睡著了。隔天一早，佑佑就開始神采奕奕地向每一個見到他的人發自己寫的「名片」了。

蒙特梭利解讀

當敏感期的需求爆發時，寶寶小小的身軀裡具備了不容小覷的能量，不分時間、地點，執著且專注地做著自己感興趣的事情，甚至到了廢寢忘食的境界。佑佑的爸媽是非常聰明的家長，他們沒有打擾兒子的工作，而是讓他盡情地享受書寫工作帶來的樂趣與滿足。

只是，有多少家長能瞭解寶寶敏感期時內心的湧動和熱情？有多少家長允許寶寶盡情宣洩和爆發他們的敏感力？寶寶天生具備吸收性的心智，他的學習熱情和毅力是驚人的，父母需要做的是：觀察和保護，讓寶寶在敏感力的爆發中獲得滿足，並習得能力。

Q 寶寶為何會突然迷上書寫？

嘉欣在上蒙特梭利幼稚園，最近，她對筆順掛圖產生了興趣，按照筆順用手指反覆描摹、書寫，神情專注，樂此不疲。描摹過幾天之後，嘉欣開始找來紙筆，按照描摹的順序，一筆一畫地在紙上進行書寫，一張接一張，即便是其他小朋友都下樓玩遊戲去了，嘉欣仍然專注地練習書寫。在自發的書寫敏感期的推動下，嘉欣的字寫得愈來愈漂亮了。

蒙特梭利解讀

當書寫敏感期到來時，樂此不疲的書寫欲望會促使寶寶以高度專注力持續不斷地書寫，此時，書寫就成了生活中的樂趣，**而敏感期的奇妙之處就是：生活即學習、學習即生活。**

現實生活中，有很多家長強迫寶寶練習寫字，其實，讓寶寶順著內在導師的動力自發學習，遠比外在的強制還要有效、有趣。

現實生活中，有很多家長強迫寶寶練習寫字，殊不知，強迫是一種愚蠢的方法，讓寶寶順著內在導師的動力自發學習的做法，遠比外在的強制還要有效、有趣得多。

Q 如何聰明應對孩子的亂塗鴉？

碩碩5歲了。一天，他把爸爸拉到客廳，指著牆上的名字說：「爸爸，你看碩碩會寫名字了。」

看到白白的牆上被碩碩寫得亂七八糟，爸爸並沒有批評兒子，還故作驚訝地表揚他。

爸爸：「碩碩太厲害了！都會寫名字了。不過，爸爸覺得有些可惜。」

碩碩：「為什麼？」

爸爸：「牆上不是寫字的地方，這麼好看的字一定會被擦掉，沒辦法讓鄉下的爺爺奶奶看到，真是太可惜了！」

碩碩：「那怎麼辦？我想讓爺爺奶奶也看到碩碩寫的字！」

爸爸：「這樣吧，我們以後不在牆上寫字了，碩碩把字寫在紙上，我們把碩碩寫的字寄給爺爺奶奶，這樣爺爺奶奶就能收到碩碩寫給他們的信了。」

碩碩：「太好了！我要趕快給爺爺奶奶寫信去了。」

蒙特梭利解讀

書寫敏感期的寶寶，心中湧動著無法抑制的書寫熱情，促使他們不分場合地展示著自己的能力，這個時期，家中的牆面上、櫃子上、地磚上、鏡子上……都會留下寶寶的「墨寶」。

碩碩的爸爸是一個懂得兒童心理的好爸爸，他既讓兒子在讚賞中體會了書寫的快樂與成功，又巧妙地阻止了寶寶的「破壞」行為，使寶寶懂得書寫的規範，如此一舉兩得的引導，一定會讓寶寶的書寫興趣愈來愈濃厚。

關鍵1

能夠寫好字的小手的兩個特徵

能夠滿足書寫敏感期爆發需求的小手，必須是一雙經過預備的小手。書寫敏感期的爆發是寶寶的小手發展水到渠成的外在表現。能夠寫字的小手一定具備以下兩個特徵。

書寫敏感期的寶寶，心中湧動無法抑制的書寫熱情，使他們不分場合展示自己能力，家中的牆面上、櫃子上……都會留下寶寶的「墨寶」。

第一，能寫字的手一定是雙穩定的手。換句話說，就是能控制的手，能夠按照寫字者的意願朝特定的目標進行移動。若無法有效控制自己的手，就不可能流暢、自然地進行書寫活動。

第二，能寫字的手一定是雙靈活的手。這雙手可以通過手指控制書寫工具，並能輕鬆地牽動手指的肌肉寫出符號、數字、文字等。試想，被強迫學習寫字的寶寶不就是因為無法靈活地驅動自己的小手，不是把字寫出格，就是這筆劃長、那筆劃短，寫得不像字，更有甚者，因為小手不聽使喚，以致經常把練習紙都寫破了。

由此可見，只有經過預備的手才可以成為寫好字的手。

換句話說，**動作敏感期內手腕及小肌肉能力得到良好發展的寶寶，書寫的敏感期就會提前，因為書寫對於寶寶來說不過是一件自然而然、水到渠成的事情。**

關鍵2 為寶寶做好寫字前的準備工作

首先，一定要在寶寶動作敏感期內，讓寶寶的小肌肉及手腕的發展得到有系統的提升和練習；接下來，階段性地為書寫做準備。

・讓寶寶通過描畫、塗色鍛鍊小手的靈活度與穩定性：

為寶寶準備形狀、大小不同的盒子、蓋子、圖片、玩具等，讓寶寶依照形狀進行描畫，再讓寶寶替畫好的各種形狀塗色，要求寶寶不能將顏色塗出形狀以外，以鍛鍊寶寶手部的控制及靈活運用。隨著寶寶描畫、塗色能力的提高，再為寶寶準備不同難度和技巧的手部活動。

・為寶寶製作臨摹板，通過視、聽、觸的形式讓寶寶瞭解字元：

家長將符號、數字、筆劃等用印表機列印出來，通過沙畫的技巧用沙子或豆子做出凸出的、可用手指臨摹和描摹的形狀，讓寶寶把視、摸、描和發音結合起來，感知並認識字元。

・在沙盤或穀物盤上進行書寫練習：

當寶寶通過觸摸、描摹過一段時間的字元之後，可以為寶寶準備一個沙盤或穀物盤（綠豆、紅豆、小米、玉米等穀物雜糧都可以），讓寶寶將觸摸過的字元反覆在沙盤或穀物盤上

能夠滿足書寫敏感期爆發需求的小手，必須是雙經過預備的手。書寫敏感期的爆發正是寶寶的小手發展水到渠成的表現。

書寫、練習，逐漸辨認和記住字元。讓寶寶嘗試用筆劃或字母拼字、組字，為接下來的閱讀做準備。

- **多和寶寶做使手指穩定、靈活的遊戲：**

培養寶寶手指的靈活度及手部的控制能力，讓他在遊戲中體會手指的功能，進而培養使用手的興趣，提高書寫能力。

遊戲43
寫字訓練

撕圖形

遊戲目的

培養寶寶手指的靈活度及手部的控制能力。

遊戲玩法

- 準備一張白紙，用縫衣服的針在紙上扎出三角形、圓形、長方形，讓寶寶用手撕出不同的圖形。
- 寶寶開始撕圖形的時候可能會撕得不成圖形，媽媽可以把寶寶撕好的圖形放到桌上，啟發想像力，請寶寶說說自己撕了什麼。
- 媽媽還可以拿來水彩筆，簡單地畫上兩筆，引導寶寶說出答案，待寶寶熟悉遊戲之後，自己就會主動說出想像的物品。
- 儘量鼓勵寶寶能夠比較規整地撕出三角形、圓形和長方形，以此來鍛鍊寶寶手部肌肉的靈活性及手指的控制能力。
- 待寶寶熟練之後，不需要媽媽事先用縫衣針將圖形扎出來，讓寶寶按照媽媽的指令自己撕出相應的圖形。

- 待寶寶手部肌肉的控制及靈活度愈來愈好時，可以嘗試讓寶寶用手撕出不同形狀的小動物，以鍛鍊寶寶手部精細動作的發展及想像力。

遊戲44
寫字訓練

夾球比賽

遊戲目的

培養寶寶手部動作的穩定性及手指運用的靈活性。

遊戲玩法

- 準備一些紙球、海綿球、塑膠球、藥丸空殼、玻璃球和兩把寬頭夾子。
- 比賽開始前，讓寶寶練一練夾球，先練習夾紙球和海綿球，練習好了之後，再練習夾塑膠球、藥丸空殼和玻璃球。待寶寶夾所有的球都很熟練之後，媽媽再和寶寶進行一場夾球比賽。
- 準備兩個碗，一個是空碗，一個碗裡放著五個球（紙球、海綿球、塑膠球、藥丸空殼、玻璃球各一個），可以請爸爸來當裁判，爸爸一聲令下，媽媽和寶寶比賽夾球，誰先把碗裡的球全部夾到另外一個碗裡為勝。
- 可以加深難度，增加球的個數，特別可以增加幾個難夾的球（塑膠球、玻璃球），以此鍛鍊寶寶手部穩定性、控制力及靈活性。

第9章 4.5~5.5歲

閱讀敏感期

愛因斯坦説：「閱讀是孩子們最珍貴的寶藏。」該怎麼做，才能讓寶寶自動自發對閱讀產生興趣呢？蒙特梭利認為，只要爸媽在寶寶的閱讀敏感期營造良好環境，並給予適當刺激，就能激發他對閱讀的熱愛。

本章先介紹寶寶閱讀敏感期的徵狀，帶爸媽瞭解孩子出生後閱讀發展的三大階段，配合兩款親子互動遊戲，打造「熱愛閱讀」的寶寶！

請注意！

當寶寶出現以下狀況，
代表他（她）已經進入閱讀敏感期嘍！

敏感期徵兆：對周遭物品的文字產生興趣、喜歡翻閱書籍……

閱讀敏感期檢測表

4.5～5.5歲的寶寶正面臨了閱讀敏感期。進入本章前，請爸媽先勾選這份檢測表。

這份檢測表可以幫助爸媽確認寶寶是否已進入了閱讀敏感期，同時，家長也能經由這份表格，進一步瞭解自己對於寶寶的敏感期發展，是否做出確切的應對。（各題末的頁碼標示，如 P.029 為本書相關主題的參閱頁碼）

1　1～2歲的寶寶出現喜歡撕書、咬書的行為，你的反應是？ P.267

- □寶寶這個年紀還不會讀書，先將書本妥善收好，等大一些再給他看。
- □當下立即阻止，並告誡寶寶不可以隨便玩書。
- □在安全的範圍內，容許寶寶的行為，不過多干涉。

2　5歲寶寶喜歡追著大人問周遭物品上的文字，你的反應是？ P.262

- □溫言告訴孩子大人們都很忙，不要老是打擾人家問東問西。
- □盡可能回應寶寶的提問。
- □跟孩子說等他長大好好讀書後就會懂了。

寶寶出生後閱讀發展的3大階段

年齡	0～2歲	2～4歲
階段名稱	前期閱讀時期和語言的萌芽期	引導寶寶感受閱讀樂趣
注意事項	即使寶寶撕書、咬書、玩書，也不必過多干涉或要求。為寶寶準備書房、書櫃、書桌等。培養寶寶對「書本」的喜愛，激發寶寶閱讀的興趣。	準備寶寶的專用小書，多帶寶寶看各種圖案或符號，逐漸理解符號與事物之間的應對關係。
配合遊戲		

3

如何培養孩子對閱讀的興趣？

P.267

- ☐寶寶一出生時，就讓他玩書本。
- ☐家長經常讀書，以身作則。
- ☐爸媽固定撥出時間帶著寶寶一起親子共讀。
- ☐以上皆是。

4～6歲

滿足書寫與閱讀敏感期的爆發需求

選擇由簡單到困難，與寶寶生活相關的書籍，以正確緩慢的速度唸給寶寶聽。與寶寶輪流玩換句唸書和替換歌謠，讓孩子更加專注讀書的過程。

45. 缺頁的故事書 P.270

46. 什麼不見了？ P.271

閱讀訓練，從寶寶會閱讀人臉開始

每個寶寶出生後都具備與生俱來的閱讀潛能，當寶寶開始「認生」，代表他會閱讀人臉。此時爸媽若有計劃、系統地讓寶寶觀察並接觸日常物品、人物、環境的名稱，加以科學的引導，必定會激發寶寶內在的閱讀能力。

兒童的成長具有自己特殊的生命法則，其實，每個寶寶出生後都具備與生俱來的閱讀潛能。

想想看，嬰兒在6個月左右看到不熟悉的人就會產生「認生」的負面情緒反應，就是在用反應告訴我們一個重要的訊息：我會閱讀人臉了！

從寶寶會閱讀人臉開始，如果爸媽有計劃、系統地讓寶寶觀察、接觸生活中日常物品、人物、環境的名稱，加以科學的引導，必定會激發寶寶內在的閱讀能力。

閱讀可以促進寶寶的語言、社會性、認知等不同方面的綜合提升。

讓我們瞭解每個寶寶潛在的閱讀潛能，充分利用寶寶的閱讀敏感期，為寶寶創設豐富多彩的閱讀環境，讓孩子去體會閱讀的樂趣與幸福吧！

Q 看得懂的故事，寶寶讀一次就能記住？

瓊瓊4個月開始，媽媽就經常結合日常生活中的各種物品、人物、環境為她做介紹，因為媽媽一直很喜歡讀書，也會把瓊瓊抱在懷裡，和她一起讀一些易懂的幼兒插圖或幼兒繪本書。

瓊瓊3歲時，一天媽媽去幼稚園接瓊瓊，老師驚訝地和媽媽說：「您是不是每天都給瓊瓊讀《禮物》這本書？小瓊瓊今天竟然能唸出90%的內容給班裡小朋友聽。」

媽媽也很驚訝，《禮物》這本書是幼稚園班裡的一本書，媽媽只是有一次接瓊瓊回家後在她的要求下給她讀了一次而已。

媽媽再次翻看《禮物》這本書，才恍然大悟。

原來，這本書的插圖畫得非常好，瓊瓊是在完全看懂再配合媽媽的講解後，就大致記下了故事的內容。

嬰兒在6個月左右看到不熟悉的人就會產生「認生」的負面情緒反應，就是在用反應告訴我們一個重要的訊息：我會閱讀人臉了！

蒙特梭利解讀

瓊瓊的媽媽正是通過日常生活中良好的引導，激發了瓊瓊潛在的閱讀能力。瓊瓊閱讀現象的爆發是因為她能看懂故事插圖中代表的意義，媽媽幫助瓊瓊唸文字時，配合了她的翻閱速度，使她能夠將口語的語音和插圖的意義進行連接。所以，儘管媽媽只為瓊瓊讀了一次故事，但她卻記住了大部分的內容。

Q 孩子學認字為何走到哪學到哪？

乖乖5歲多了，最近，乖乖對文字發生了濃厚的興趣，喜歡追問燈箱牌、廣告、食品包裝上面的文字，並反覆指讀，沒多久，乖乖就開始閱讀自己的圖書了，一本接一本，碰到不認識的字就向大人請教。到後來，乖乖把幾本故事書上的每一句話、每一個字都認讀得非常準確。

媽媽瞭解到，兒子識字的敏感期到來了，為了使文字緊密地結合生活，媽媽就把家中的傢俱、日用品、電器等都寫上了各自的名稱。出門時，應乖乖的要求不厭其煩地指認門牌、站牌、商店名稱等，這種爆發式的學習讓乖乖掌握了一千多個漢字，沒有多久，乖乖就開始閱讀文字量大的讀本了……

蒙特梭利解讀

「預備好的環境」是蒙特梭利教學法三大要素之一，是促進寶寶發展必不可少的條件。在幼稚園時期不提倡機械地教孩子認字，但當寶寶的識字敏感期出現時，父母一定要為寶寶預備妥善的環境。

經過預備的文字環境，有助於寶寶將文字和語音同它所指的物件在自己真實的生活中聯繫起來，文字和生活的緊密結合，使寶寶瞭解和獲得了文字的本來意義。**敏感期內的順應學習，對寶寶來說是自發的興趣，不是負擔和苦工。**

Q 孩子為何強烈地要認識每一個字？

文文順利地度過了書寫的敏感期。最近，文文對自己寫出的字有了強烈的想要認識它的願望，每寫出一個字，都要追問媽媽怎麼唸，後來強烈地想要認識更多的字。

以前媽媽為文文準備的圖書似乎又引起了文文的興趣，她邊認邊讀、邊讀邊唸，遇到

寶寶的識字敏感期出現時，父母一定要為寶寶預備妥善的環境。文字和生活的緊密結合，才能使寶寶瞭解和獲得文字的本來意義。

不認識的字還用紅筆劃下來，再去請教媽媽，有時，地上撿起的小紙片也能讓她從中找出幾個不認識的字，文文開始了如飢似渴的閱讀敏感期。

蒙特梭利解讀

蒙特梭利發現，**幼兒的書寫和閱讀都是自發性行為，有其一定的發展規律，而且孩子的書寫行為發展其實早於閱讀**。為此，她打破常規，把寫字的練習排在閱讀練習之前，蒙特梭利認為兒童由於通過多次的觸摸等活動，知道了字母的形狀，很快就能「爆發」出寫字的欲望和能力來。掌握了文字書寫的技能之後，兒童再轉入閱讀學習。案例中先寫後讀的文文恰恰證明這個觀點。

寶寶的書寫與閱讀敏感期雖然較遲，但如果在語言、感官、肢體動作等敏感期內得到了充足的學習，其書寫、閱讀的敏感期便會自然產生，甚至提前。

其實，寶寶的閱讀和書寫能力不僅包括認讀和書寫的技能，也包括一系列與讀寫有關的態度、期望、情感、行為技能等。結合寶寶的敏感期，並利用科學的方法進行引導，使寶寶不但掌握知識，更重要的是獲得相關的興趣、方法和技能。

閱讀敏感期五個重要指標

*能集中注意地傾聽成人朗讀（講述）圖書中畫面的文字說明，理解書面語言；

*知道圖書畫面與文字的對應與轉換關係，有興趣閱讀圖畫書中的簡單文字；

*運用繪畫或剪貼等製作圖書，進一步瞭解圖書的構成並能自配解說詞（解說詞由家長代筆記錄）；

*主動學、認常見漢字，進一步瞭解認讀的規律，並且能在生活中運用已獲得的書面語言；

*掌握基本的書寫姿勢，並按規範的筆順書寫簡單的常見字。

如果在寶寶很小的時候就有意識地為他們讀書，閱讀敏感期會提前出現。想要寶寶愛讀書，就要讓他在讀書前先愛上讀書的氛圍。爸媽先要和書做朋友，每天都要有固定的讀書時間，通過言傳身教讓寶寶愛上讀書。還可以把書放在寶寶觸手可及的地方，營造一個自在、有趣、豐富的閱讀環境。家裡的書房、客廳、幼稚園的教室、圖書室、公共

寶寶的書寫與閱讀敏感期雖然較遲，但如果在語言、感官、肢體動作等敏感期內得到充足的學習，其書寫、閱讀的敏感期便會自然產生，甚至提前。

場所的兒童書房、文化中心，都可以是寶寶閱讀的場所。

讓寶寶多些機會拿起書，和書建立感情，同時學會規範閱讀和尊重書本。多元閱讀需要家長的參與，讓閱讀真正進入家庭內的親子互動，成為幼兒生活的一部分。引導寶寶選書、看書、讀書，引導寶寶發問、討論、思考，幫助寶寶將書和個人的體驗串聯，這樣的閱讀才會產生趣味和意義。

不同年齡階段寶寶，不同的閱讀方法

閱讀能力的發展不是一蹴而成的，爸媽如果能夠因應寶寶的各個年齡階段，提供合適且有效的閱讀指引，便能大大提高寶寶的閱讀能力。

關鍵1

0~2歲：前期閱讀時期和語言的萌芽期

這一階段是寶寶的前期閱讀時期和語言的萌芽期，爸媽的任務就是讓寶寶對書感興趣，感受讀書的韻律。即使寶寶撕書、咬書、玩書，也不必過多干涉或要求他。

很多家庭在環境的布置上不利於早期閱讀的開展，大多數父母還不能理解寶寶閱讀活動的正確含義，缺乏科學認識，很少有家庭能夠刻意為寶寶準備書房、書櫥、書桌等。

在寶寶看得到的範圍裡，擺好小畫書，最好有個可愛的小書架，讓寶寶感受那些有鮮豔色彩和圖片、被媽媽叫做「書」的東西裡面，有很好聽、很好玩的故事和遊戲，是一種能打開合上、能學說話的玩具。從而培養寶寶對「書」的喜愛，激發寶寶閱讀興趣。

關鍵 2

2～4歲：引導寶寶感受閱讀樂趣

引導寶寶感受閱讀樂趣，為獨自閱讀做準備。貼近生活的事件便於寶寶理解，可以拍下他一天的生活片段，例如起床、穿衣、洗臉、吃飯、遊戲等，再將照片連起製成可翻看的自製小書，每天翻看，能提高閱讀興趣。兒童早期閱讀還包括認讀各種符號。多帶寶寶看看各種圖案或符號，如斑馬線、紅綠燈等交通號誌、物品商標、門牌號等。逐漸理解符號與事物的對應關係。

關鍵 3

4～6歲：滿足書寫與閱讀敏感期的爆發需求

滿足寶寶的書寫與閱讀敏感期的爆發需求，將生活與學習相結合，選擇由簡單到難且與寶寶生活相關的書籍，以正確緩慢的速度唸給寶寶聽；滿足寶寶隨時讀書的要求，便於寶寶邊聽邊記；當寶寶能唸出書中的內容時，和寶寶玩輪流換句唸書和替換歌謠中的名詞等遊戲，讓寶寶可以更加專注讀書過程。

待寶寶識字敏感期內認識很多字後，可以嘗試和寶寶進行簡單的筆談，增加趣味的同時瞭解寶寶是否掌握語言的含義，使寶寶真正走入閱讀的世界。

關鍵4

多和寶寶做提高閱讀能力的遊戲

閱讀能力的發展不是一蹴而成的，需要寶寶具備相關的能力才可達成。如專注力、視覺的分辨能力、轉移能力、判斷和分析能力、記憶能力等，還需要寶寶概念性的發展，他們要知道大小，會找相似與不同，會排列、分類、配對……因為要讓寶寶的眼睛能夠看到字與字之間的差異，就一定要有一雙視覺分辨能力極強的眼睛。

0～2歲是寶寶的前期閱讀時期和語言的萌芽期，即使寶寶撕書、咬書、玩書，也不必過多干涉或要求他。

遊戲45 閱讀訓練

缺頁的故事書

遊戲目的

培養寶寶視覺觀察與判斷力，提高推理能力（事情的發生、過程、結果的排序）。

遊戲玩法

- 把寶寶的一本故事小書剪開，從開始拿下一頁，從中間拿下一到兩頁，最後從結尾拿下一頁，就可以帶寶寶進行遊戲了。
- 在書頁的後面用鉛筆編上號碼：①、②、③、④等。
- 讓寶寶觀察圖片，找出故事圖片排列的順序。
- 請寶寶將故事圖片按照順序排好，將故事圖片翻過來，讓寶寶自己檢查排列得是否正確。
- 媽媽引導寶寶用清楚的語言將故事講解下來。
- 如果寶寶感到困難，媽媽一開始不要準備過多圖片，先準備三張，待寶寶熟悉遊戲之後，再逐漸增多圖片的張數，加深難度。

遊戲46 閱讀訓練

什麼不見了？

遊戲目的

訓練寶寶視覺的觀察能力及反應能力，同時培養寶寶的專注力。

遊戲玩法

- 媽媽與寶寶面對面坐好，拉開一定距離，準備遊戲。
- 媽媽在寶寶面前出示幾件小玩具或仿真水果，一邊出示一邊和寶寶一起說出物品的名稱，如蘋果、小汽車、小熊等。
- 請寶寶閉上眼睛，媽媽迅速拿走其中一樣東西，再請寶寶睜開眼睛，並說出什麼東西不見了。
- 逐漸增加難度，一開始放三件，逐漸增加到四件、五件甚至更多。

第10章 6~9歲

文化敏感期

幼兒教育中若缺少了文化教育，就如同房子缺了一面牆那般不夠完整。爸媽該怎麼做，才能讓孩子在潛移默化之中，培養出深遠的文化素養呢？

本章先介紹寶寶出生後文化發展的三大關鍵階段，讓家長在對的時間，給予寶寶適當的文化刺激，並配合兩款親子互動遊戲，提供爸媽打造「文質彬彬」寶寶的好點子！

請注意！

當寶寶出現以下狀況，
代表他（她）已經進入文化敏感期嘍！

敏感期徵兆：對文字・算數・科學・藝術產生興趣、對動植物等生物表現關懷……

文化敏感期檢測表

6~9歲的孩子正面臨了文化敏感期。進入本章前，請爸媽先勾選這份檢測表，確認孩子是否已進入了文化敏感期，並進一步瞭解自己對於孩子的敏感期發展，是否做出確切的應對。（各題末的頁碼標示，如 P.029 為本書相關主題的參閱頁碼）

1 孩子表示想要飼養動植物，你的反應是？ P.278

□孩子的熱頭一下子就過了，極力勸阻不讓他養。

□經過衡量若情況允許，就讓孩子學習照顧動植物。

□告訴孩子生命非常脆弱，不要隨意飼養。

2 當孩子詢問你不太清楚的科學知識，此時你的反應是？ P.279

□叫孩子去學校請教老師。

□跟孩子一起觀看相關的書籍、影片，或是帶他去博物館參觀。

□要孩子自己去圖書館查書。

寶寶出生後文化發展的3大關鍵階段

年齡	階段名稱	文化發展特徵	配合遊戲
3歲	文化興趣起始期	孩子對文化的興趣開始萌芽。	
3~6歲	自然汲取期	能夠輕易從接觸與活動參與中汲取文化。只要寶寶對文化探索和學習的興趣不被破壞，將產生巨大動力學習文化知識。	

3 如何增進孩子對文化的素養與發展？P.280

□多帶孩子去參觀美術館、博物館、動物園、天文館等展覽。

□帶孩子一起外出旅行，多長見識。

□給孩子機會去瞭解本國文化的精粹，如茶、書法、美食……

□以上皆是。

6～9歲
文化敏感期
此時孩子的心智就像一塊肥沃的田地，準備接受大量文化播種。成人可在此時提供豐富文化資訊。
47. 中國茶文化—八寶茶 P.283 **48.** 看京劇，畫臉譜 P.285

孩子文化的敏感期始於3歲

幼兒對文化的興趣始於3歲左右。
兒童的天性使他們不斷地從環境中汲取必要的文化與營養，
假如把孩子放在一個適宜的環境中，
他們興致勃勃、充滿激情，肯定會發生出乎意料的變化。

蒙特梭利在《發現兒童》一書中曾提到：幼兒對文化的興趣始於3歲左右。特別強調3～6歲的時期，是能輕易從接觸與活動參與中汲取文化並自然成熟的時期，到了6～9歲則出現探索事物的強烈要求，敏感期寶寶的心智就像一塊肥沃的田地，準備接受大量的文化播種。

成人可在此時提供孩子豐富的文化資訊，以本土文化為基礎，延伸至關懷世界的博大胸懷。

若成人能夠洞悉寶寶的成長法則及敏感期特點，為寶寶預備豐富、適宜、具有探索自由的環境，寶寶不但能順其自然地將本民族文化滲透到生命中，更能從拓展的外土文化中學會真正地理解和尊重他人。

Q 為何孩子對音樂特別熱愛？

君君4歲了，是個喜歡音樂的小女孩，愛唱歌、愛跳舞、愛聽音樂。最近，君君迷上了鋼琴。每次媽媽到幼稚園接她，她都要和媽媽一起跑到幼稚園的琴房聽老師彈琴，直到天黑才回家。

回到家裡，君君就在自己的玩具鋼琴上煞有介事地彈起來，還像模像樣地擺上樂譜，一彈就是四十多分鐘……這樣的情況持續了幾個月的時間，君君的韻律感和節奏感都得到了飛速的發展。君君對音樂的熱情讓媽媽吃驚，後來，雖然君君不再天天癡迷於「彈鋼琴」了，卻為今後專業音樂的學習打下了良好的基礎。

蒙特梭利解讀

寶寶出生後，音樂的性向是最高漲的。音樂的性向指的是音樂的天賦與本能，如果沒

寶寶出生後，音樂的天賦和本能是最高漲的。

如果沒有在敏感時期得到引導，這種音樂本能到9歲左右就會減低下來。

有在敏感時期得到開發和引導，這種音樂本能到9歲左右會減低下來，就會出現後來生活中許多和音樂絕緣的人，唱歌找不到音準、跳舞踩不上節拍……敏感期的出現，有利寶寶在良好的音樂環境中親近音樂、感受音樂，有效地將音樂本能轉化成良好的音樂素養與能力。

生活中，許多家長逼著自己的孩子學習各種樂器，孩子的痛苦有誰可以理解？如果我們在寶寶音樂敏感期到來的時候，順其自然地發掘寶寶的音樂天賦，不需要家長強迫，他們會依照內在導師的指引，自動、自發地學習。音樂教育的最終目的不是培養一個音樂家，而是通過音樂有目的地培養一個人的最高素質，使之達到完美的人格，這才是文化教育中音樂的真正力量！

Q 孩子為何特別喜愛動植物？

靖遠已經4歲多了，他非常喜歡小動物。家裡有小兔子、小貓、小雞、小烏龜、小金魚，簡直就像一個小小的動物園。靖遠給每隻小動物起了好聽的名字，照顧牠們，餵食、打掃、整理，樂此不疲。

一次，小烏龜冬眠，靖遠以為小烏龜死去了，傷心難過得吃不下飯，直到瞭解小烏龜會醒過來才破涕為笑。靖遠家住一樓，媽媽在花園裡為他開闢出一塊地方來，種上了蔬菜種子，靖遠常常和媽媽、奶奶一起給種子澆水、施肥，還用筆把種子發芽的過程畫了下來和小朋友們分享。靖遠在和動物、植物的親密接觸中，學會了很多的知識。

蒙特梭利解讀

兒童對於生物極其關懷，滿足了這項本能會使他充滿快樂。因此，我們很容易引起他們照顧動物、植物的興趣。沒有一件事能夠像照顧動物、植物那樣，使一個通常只顧眼前而毫不在乎未來的孩子變得深謀遠慮。

Q 為何有的孩子對天文地理特別感興趣？

漢森5歲多了，最近老愛問為什麼，特別對天文地理方面的知識，到了近乎於癡迷的地步。每天，他都會問一些關於星座、天象、星系、高原、平地、丘陵的問題，有時是自問自答，有時向爸爸請教，有時會從他最喜歡的《十萬個為什麼》的科普書中找到答案。

兒童對於生物極其關懷，沒有一件事能夠像照顧動物、植物那樣，使一個孩子變得深謀遠慮。

爸爸經常應漢森的要求，帶他去天文館、自然博物館參觀，為漢森準備了宇宙星系、世界地理等方面的錄影帶。當漢森侃侃而談地向媽媽介紹九大行星、厄爾尼諾現象、赤潮等專業知識時，媽媽既震驚又驕傲。

蒙特梭利解讀

兒童的天性使他們不斷地從環境中汲取必要的文化與營養，假如把寶寶放在一個適宜的環境中，他們興致勃勃、充滿激情，肯定會發生出乎意料的變化。漢森在敏感期對文化的探索成就了媽媽的驚喜與驕傲。

4歲以後的兒童，對文字、算術、科學、藝術會產生極大的興趣，對不同的文化表現出好奇，這個時期，只要兒童對文化探索和學習的興趣不被破壞，他們將產生巨大的動力用於學習文化知識。

關鍵

為寶寶創設豐富、適宜的文化環境

1. 為寶寶提供照顧動物、植物的機會，讓寶寶在觀察、體驗的過程中學會照顧、瞭解和尊重、熱愛生命。

2.帶寶寶參觀博物館、天文館、美術館、動物園、植物園等，讓寶寶在參與和感受中得到良好的文化啟蒙，並通過這些視窗滲透進歷史、人文、科學、美術、動植物等啟蒙知識的源源活水，從小打下較為深厚的文化底蘊。

3.選擇要參觀的博物館時，應該以寶寶的興趣和年齡特點來決定。

寶寶年齡	選擇考量
1~2歲	在色彩、形狀和音效等方面多關注。
3~5歲	要考慮到展品的形狀和功能所具有的直觀性，藉此幫助孩子用具象的方式去理解抽象的文化和歷史。
6~9歲	要注意展品之間的文化關聯和時間、空間的聯繫。
9~12歲	父母要花更多的時間和精力準備，才會和孩子一起感受到博物館的魅力；參觀的同時，讓孩子瞭解博物館參觀的禮儀，進行禮儀文化的滲透和修養。

4歲以後的兒童，對文字、算術、科學、藝術會產生極大的興趣，只要對文化探索和學習的興趣不被破壞，他們將產生巨大的動力學習文化知識。

4.為寶寶創設機會瞭解中國文化，如中國茶、中國功夫、中國書法、中國剪紙、中國飲食等，瞭解祖國博大精深的民族文化的同時，培養孩子的愛國主義情感。

5.旅遊是一種瞭解世界的方法，更是一種生活態度，是拓寬寶寶瞭解本土及外土文化最好的途徑。

遊戲47

文化薰陶

中國茶文化——八寶茶

遊戲目的

瞭解中國茶文化，茶飲的保健作用，體驗動手泡茶的樂趣，學習茶禮儀。

遊戲玩法

- 材料準備：電茶壺，蓋碗若干。乾菊花、陳皮、枸杞子、桂圓、紅棗、金銀花、膨大海、綠茶包、冰糖等。
- 瞭解茶的功效，八寶茶用的是藥食同源的材料，逐一講給寶寶聽，如菊花可以清肝明目、膨大海可潤喉、山楂可以開胃、紅棗可補氣血、枸杞子可以養肝等，一杯清甜的八寶茶不僅解渴，還開胃潤喉、滋補氣血等，寶寶可以喝清淡的、對身體有益的茶（濃茶寶寶不宜）。
- 泡茶：用茶勺取八樣材料放入自己的蓋碗裡，根據自己的口味，選擇是否加冰糖；用電茶壺（安全型的，較小，寶寶端得動）燒水；水開後，沖茶，蓋蓋；二至三分鐘後，清香可口的八寶茶就可以喝了。

• 學習茶禮儀：中國是文明古國、禮儀之邦，家裡來了客人，沏茶、敬茶的禮數不可少，飲茶注重一個「品」字，端起茶杯，開蓋，聞香，慢慢啜飲，悠閑地品味茶的回甘，飲茶時相互交流，人與人之間距離更近了，父母應透過言傳身教，讓寶寶從旁學習。

遊戲48 文化薰陶

看京劇，畫臉譜

遊戲目的

給寶寶接觸中國京劇的機會，體驗製作臉譜扇的樂趣，發展手指的靈活性。

遊戲玩法

- 看京劇：京劇演員跟平常人有哪些不一樣？請學一學，如，走──走圓場步；笑──長笑；再學學簡單的武打動作和戲文；看戲的同時，啟發孩子觀察不同角色的臉譜，學會看主色調（即底色），區分紅臉、白臉、黑臉等，爸媽可以簡單介紹，如紅臉代表忠誠、勇敢的人；白臉也叫「豆腐塊臉」，常指一些狡猾的人；黑臉是那些說話粗聲粗氣、忠厚、正直的好人，如「包青天」。
- 做臉譜扇：媽媽可事先準備些臉譜圖案，讓寶寶觀察，再在舊日曆紙上勾畫出幾個臉譜的主要線條，襯在白扇面下，讓寶寶在此基礎上大膽創作，設計自己想要的臉譜。
- 若覺得臉譜不夠逼真，可用毛線當鬍鬚和頭髮，用各種彩色紙做臉譜上的裝飾物。

作　　者　李利

社　　長　張瑩瑩
總 編 輯　蔡麗真
責任編輯　徐子涵
校　　對　魏秋綢
行銷企畫　林麗紅、李映柔
封面設計　周家瑤
美術設計　洪素貞

出　　版　野人文化股份有限公司
發　　行　遠足文化事業股份有限公司 (讀書共和國出版集團)
　　　　　地址：231新北市新店區民權路108-2號9樓
　　　　　電話：（02）2218-1417　傳真：（02）8667-1065
　　　　　電子信箱：service@bookrep.com.tw
　　　　　網址：www.bookrep.com.tw
　　　　　郵撥帳號：19504465遠足文化事業股份有限公司
　　　　　客服專線：0800-221-029
法律顧問　華洋法律事務所 蘇文生律師
印　　製　成陽印刷股份有限公司
初　　版　2014年3月
三版首刷　2024年4月

定價　　　380元

歡迎團體訂購，另有優惠請洽業務部（02）22181417分機1124

國家圖書館出版品預行編目資料

在家玩蒙特梭利：掌握0~6歲九大敏感期,48個感覺統合遊戲,全方位激發孩子潛能 / 李利作. -- 三版. -- 新北市：野人文化股份有限公司出版：遠足文化事業股份有限公司發行, 2024.04
　面；　公分. -- (野人家；120)
ISBN 978-626-7428-42-9(平裝)

1.CST: 育兒 2.CST: 親職教育 3.CST: 蒙特梭利教學法

428　　　　113003574

在家玩蒙特梭利

野人文化
讀者回函

線上讀者回函專用QR CODE，你的寶貴意見，將是我們進步的最大動力。

野人文化
讀者回函卡

野人

感謝你購買《在家玩蒙特梭利》

姓　名　　　　　　□女 □男　　年齡

地　址

電　話　　　　　　手機

Email

□同意 □不同意　　收到野人文化新書電子報

學　歷 □國中(含以下) □高中職 □大專 □研究所以上
職　業 □生產/製造 □金融/商業 □傳播/廣告 □軍警/公務員
□教育/文化 □旅遊/運輸 □醫療/保健 □仲介/服務
□學生 □自由/家管 □其他

◆你從何處知道此書？
□書店：名稱 ______________ □網路：名稱 ______________
□量販店：名稱 ______________ □其他 ______________

◆你以何種方式購買本書？
□誠品書店 □誠品網路書店 □金石堂書店 □金石堂網路書店
□博客來網路書店 □其他 ______________

◆你的閱讀習慣：
□親子教養 □文學 □翻譯小說 □日文小說 □華文小說 □藝術設計
□人文社科 □自然科學 □商業理財 □宗教哲學 □心理勵志
□休閒生活（旅遊、瘦身、美容、園藝等） □手工藝／DIY □飲食／食譜
□健康養生 □兩性 □圖文書／漫畫 □其他 ______

◆你對本書的評價：（請填代號，1. 非常滿意 2. 滿意 3. 尚可 4. 待改進）
書名 _____ 封面設計 _____ 版面編排 _____ 印刷 _____ 內容 _____
整體評價 _____

◆你對本書的建議：

野人文化部落格 http://yeren.pixnet.net/blog
野人文化粉絲專頁 http://www.facebook.com/yerenpublish

廣　告　回　函
板橋郵政管理局登記證
板 橋 廣 字 第 143 號

郵資已付　免貼郵票

野人

23141
新北市新店區民權路108-2號9樓
野人文化股份有限公司 收

請沿線撕下對折寄回

野人

書號：0NFL4120